영재의
법칙

영재의 법칙

초판 1쇄 발행 2023년 12월 22일
초판 2쇄 발행 2024년 1월 5일

지은이 송용진
펴낸이 안병현 김상훈
본부장 이승은 총괄 박동옥 편집장 임세미
책임편집 한지은 디자인 박지은
마케팅 신대섭 배태욱 김수연 제작 조화연

펴낸곳 주식회사 교보문고
등록 제406-2008-000090호(2008년 12월 5일)
주소 경기도 파주시 문발로 249
전화 대표전화 1544-1900 주문 02)3156-3665 팩스 0502)987-5725

ISBN 979-11-7061-083-0 (03590)
책값은 표지에 있습니다.

영재의 법칙

대한민국 0.1% 영재들의 교육 비법

송용진 지음

교보문고

요즘에는 자녀의 조기 교육에 정성을 쏟는 부모들이 많습니다. 그래서인지 만 나이로 두 살 때부터 글을 읽는 아이, 세 살 때부터 덧셈을 할 줄 아는 아이, 네 살 때부터 영어로 말할 줄 아는 아이들이 제법 있지요. 설혹 그 정도 영재는 아니더라도 상당히 많은 아이들이 일찍부터 놀라운 말솜씨나 뛰어난 계산 능력, 음악성, 공감 능력 등을 보여 부모들을 놀라게 합니다. 그래서 부모들은 '혹시 내 아이는 천재가 아닐까?' 하는 생각을 갖게 됩니다.

세상에는 다양한 방면의 영재가 있습니다. 예술 분야의 영재도 있고 인문학적으로 뛰어난 소양을 가진 영재도 있지요. 제가 가르치며 관찰해 온 아이들은 주로 수학 분야의 영재들입니다. 영재성에 있어서 수학은 어느 정도의 대표성과 일반성을 갖고 있습니다. 수학을 잘하려면 수학적 문제해결력 외에도 문해력, 서술력, 정보력, 암기력 등 다양한 지적 능력이 필요하기 때문입니다. 물론 그에 더해 그들의 정서적인 안정도 매우 중요한 요소입니다.

여러 해 전부터 이런 영재들에 대한 이야기를 담은 책 집필을 기획해 오던 중이었는데 마침 교보문고에서 연락이 와 이 책을 출간하게 되었습니다. 이 책에는 지난 30년간 최고의 수학 영재들을 가르치며 얻게 된 저의 경험과 지식을 비롯해 우리가 영재들에게 줄 수 있는 진정한 도움이 무엇인지에 대한 저 나름의 생각을 담았습니다.

지금까지 나와 있는 대다수의 영재교육 관련 책들은 심리학자나 교육학자가 관찰자로서 간접 경험을 통해 깨달은 것을 다루고 있습니다. 하지만 저는 저 자신이 수학 영재에서 수학자로 커 오기도 했기에 그 과정에서 얻은 경험, 그리고 교수가 된 뒤 오랫동안 수학 영재들을 직접 지도하고 그들이 성인이 되는 과정을 지켜보면서 깨닫게 된 것들을 토대로 이야기하고자 합니다.

대중과 언론은 천재성을 가진 어린아이들에게 큰 관심을 가집니다. 예전에는 다섯 살에 천자문을 외웠다는 아이가 관심을 끌었고, 요즘에는 여섯 살에 미적분학을 깨쳤다는 아이가 관심을 끕니다. 그런데 열 살이 넘어 이제 진짜 영재인지 여부가 결정될 아이들에 대해서는 대중의 관심이 그다지 크지 않습니다. 그것은 아마도 10대의 영재들이 공부하는 수학, 과학의 내용이 대중이 이해하기에는 너무 어렵다는 점과 그들의 말투나 행동이 더 이상 귀엽기만 하지는 않다는 점 등 때문이 아닐까 싶습니다.

예전에는 영재성을 발굴하는 것이 중요했다면 요즘에는 영재성을 가진 아이들을 어떻게 키워야 하는가가 더 중요한 이슈가 되었습니다. 조기 교육에 관심이 많은 우리나라에서는 군이 웩슬러 지능검사와 같은 것을 받지 않더라도 아이들의 언어구사력, 집중력, 암기력 등을 통해 영재성을 그리 어렵지 않게 발견할 수 있습니다. 우리 아이가 상위 2~3퍼센트의 영재인지 아니면 그보다 더 특별한 영재인지를 판정하는 것보다 더 중요한 것은 아이가 별다른 문제없이 자신의 능력을 잘 키우고 결국 훌륭한 사람으로 잘 성장하도록 해 주는 것임은 당연할 것입니다.

어린 영재에 대한 교육에서 많은 사람들이 당연한 상식으로 여기는 것들이 있습니다. 그것은 바로 '고도영재들은 대개 성격이 정상적이지 않다', '특별한 재능을 가진 아이들은 별도의 특별한 교육을 받아야 한다'와 같은 것들입니다. 그런데 이런 상식이 꼭 옳지는 않습니다. 영재 중에도 친구들과 잘 어울리고 학교생활에 별 어려움이 없는 아이들이 많이 있습니다. 특수교육이나 분리교육보다는 일반 학생들과 같은 공간에서 같은 내용의 교육을 받을 때 더 정서적으로 안정되고 교육 효과도 더 큰 영재들도 있고요. 많은 영재들이 사회성에 크게 문제가 없고 또래와 노는 것을 좋아합니다. 영재도 또래 아이들과 같은 정서를 갖고 있는 어린아이라는 사실을 잊어서는 안 됩니다. 대다수의 영재들에게 심화 교육이나 선행학습이 필요한 건 사실입니다. 하지만 같이 어울릴 수 있는 친구들이 있는지, 아이의 주요 관심은 무엇인지, 아이의 성격은 어떤지, 부모나 선생님의 지도가 도움이 되는지, 주위에 깊은 대화를 나눌 수 있는 성인이 있는지 등 다양한 면을 고려한 뒤에 그에 맞는 교육 방법을 모색해야 합니다.

아이가 뛰어나다고 해서 무작정 선행학습을 시키고 자기 학년을 훨씬 뛰어넘어 고학년으로 진학시키는 것은 아이를 망치기 쉽습니다. 거의 20년쯤 전부터 전국적으로 유명했던 과학 영재인 S군의 경우에도 부모와 주변 사이비 전문가들의 잘못된 판단에 따라 초등학교 과정을 1년 만에 마치고 8세의 나이에 대학에 진학했습니다. 그것도 교수들과 일대일 교육을 받는다면서요. 이것은 아주 위험한 발상입니다. 과다한 조기 진학과 분리 교육은 아주 특별한 경우에만 해야 합니다. 주변에 친구나 동료 한 명 없이 혼자서 대학 과정까지 공부하도록 하는 것은 매우 비전문가적인 판단입니다.

저는 그동안 운이 좋게도 최고의 수학 영재들을 만날 기회가 많았습니다. 국제수학올림피아드에 참가하는 소수의 한국 대표 학생들뿐만 아니라 한국수학올림피아드 겨울학교, 여름학교, 주말교육 등에서 뛰어난 수학 영재들을 가르쳐 왔습니다. 학생들이 국가대표가 되기 위해서는 여러 해 동안 수학올림피아드의 경시, 교육 과정을 거쳐야 합니다. 한국수학올림피아드를 주관하고 학생들을 가르치다 보니 아주 어린 학생들도 소개받아 지도하거나 조언을 해 줄 경우도 종종 있습니다. 7세 내외의 최고의 영재들 5명을 대상으로 하는 '과학 신동 프로그램'에서 몇 개월 동안 학생들을 가르쳐 보기도 했습니다.

제가 영재교육 전반에 대해 논하기에는 '성공한' 영재들만 만나 왔다는 한계가 있을 수 있습니다. 하지만 성공한 영재들과 그 부모님들이 갖는 공통점과 그들이 겪는 공통적 문제점 등을 많이 알게 됐다는 점, 성공적으로 높은 학업 성취를 이룬 영재들이 결국 진정한 능력자로 커 가는 과정을 봐 왔다는 점 등의 장점도 있을 것 같습니다.

지난 세기 말에 과학영재학교 설립을 주도했던 분이 있었습니다. 그분의 전공 분야는 교육심리학입니다. 당시 그분은 "영재는 사회성이 부족해 학교생활에 적응을 하지 못하니 일반 학생들과 분리해서 교육해야 한다", "현재의 과학고등학교는 영재교육기관이 아니다", "진정한 과학 영재는 매년 20명 내외일 뿐이므로 현재의 과학고 대신 소수 정예만 선발해 교육하는 진정한 과학영재학교의 설립이 필요하다" 등을 지속적으로 주장했습니다. 그분은 과학 영재교육에 있어 막강한 영향력을 갖고 있었지만 과학 영재를 지도해 본 적도 없고 과학자들이 어떤 연구를 하고 어떤 삶을 사는지에 대해 잘 모르는 분입니다. 당시에도 그렇고 지금까지도 우리나라 과학 영재교육에는 사공이 너무 많습니다. 심지어는 영재성에 대한 이해가 부족하거나 영재에 대한 호의적인 관심조차 없는 분들이 중요한 역할을 맡고 있는 경우도 여러 번 보았습니다.

영재에 대한 올바른 이해가 필요합니다. 고도영재 중 사회성이 부족한 학생의 비율이 평균보다 다소 높긴 하겠지만 모든 영재를 색안경을 끼고 보는 것은 좋지 않습니다. 어린 영재들이 간혹 이상한 언행을 하는 것은 칭찬과 관심을 갈구하는 심리 때문인 경우가 많습니다. 그런데 사실 그런 심리는 누구나 갖고 있습니다. 영재 학생의 나대는 언행 때문에 수업시간에 방해가 되는 경우가 종종 발생하지만 선생님들과 동료들이 그 영재를 호의와 인내심을 갖고 대해 주면 대개 그런 문제는 점차 줄어들게 됩니다.

영재들에게도 보통의 아이들처럼 친구와 동료가 필요합니다. 같이 놀 친구들과 잘난 체를 할 대상인 동료들이 필요합니다. 이를 불편해 하는 동료들도 있겠지만 영재를 가까이 보며 지내는 것은 본인의 성장에 도움이 될 수 있습니다.

또한 영재들에게는 균형 잡힌 교육이 필요합니다. 인문학적인 소양뿐만 아니라 음악, 체육, 미술 등에 대한 소양도 필요합니다. 특히 체육 교육은 매우 중요합니다. 우리가 영재교육에 대해 가져야 할 중요한 인식은 영재들에게 기초적인 판단력과 분별력을 키워 주는 것이 그의 영재성 계발보다 더 우선되어야 한다는 것입니다. 영재아도 결국 사춘기를 맞이하고 언젠가는 이성 문제를 겪게 됩니다. 그리고 초고도의 영재들조차도 언젠가는 자기보다 더 똑똑한 (또는 그렇게 보일 뿐인) 사람들을 만나게 됩니다. 최고의 영재들은 줄곧 꽃길만 걸어 왔기 때문에 작은 실패도 견디기 힘들어합니다. 어려움을 겪을 때 심리적으로 무너지지 않도록 어릴 때부터 균형 잡힌 교육의 기회를 제공해 주고 좋은 멘토를 만나게 해주는 것이 중요합니다.

영재의 부모 중에는 자기 자식이 대학을 진학할 때 자식이 그만큼 공부를 잘했다는 것을 남들에게 증명하고 싶어 하는 분들이 많습니다. 자식들의 성취를 자신의 자존심과 명예의 일부로 여기는 분들입니다. 그분들은 자식의 적성에 상관없이 아이를 의과대학에 보내고 싶어 합니다. 10만 명, 100만 명 중에 하나일 정도의 최고의 영재의 부모 중에도 그런 마음을 먹는 분들이 있습니다.

영재아의 부모나 교육자 중에는 교육의 목표가 무엇인지 잊어버리는 분들이 많습니다. 목표는 학생을 과학고등학교에 보내고 명문대학교에 보내는 것이 아닙니다. 정작 중요한 것은 그다음입니다. 훌륭한 성인으로 키우는 것이 최종 목표이기 때문에 교육은 결국 멀리 내다보고 긴 호흡을 갖고 가야 합니다. 그들이 '잘하는 것을 더 잘하게' 도와주는 것과 함께 그들이 결국 어른이 되어 직업인, 사회인으로서 행복한 삶을 영위하면서 우리 사회와 인류 전체에 이바지하는 인물이 되게 해야 합니다.

또한 이 책의 가장 핵심 주제 중 하나는 영재에게 '겸손'을 가르치는 것이 중요하다는 것입니다. 제가 만난 수학 영재들에게는 공통점이 있었습니다. 바로 겸손하다는 것이었죠. 재능을 효율적으로 잘 살려 탁월한 학업 성취를 이루는 데에는 끈기, 사회성, 정신적 면역력, 경쟁심 등의 요소가 필요합니다. 이 모든 요소들은 결국 남들을 존중하고 자만심을 버리는 겸손한 마음과 연관된 것이라고 생각합니다.

영재교육에 있어 정답이란 있을 수 없습니다. 영재교육은 학생의 특성과 소질에 따라 상대적으로 유연하게 이루어져야 합니다. 하지만 중요한 원칙은 몇 가지 있습니다. 그리고 조심하거나 삼가야 할 점들도 꽤 있습니다. 이 책에서는 그러한 점에 대해 주로 이야기합니다.

모쪼록 이 책이 아이의 영재성을 길러 주고 싶은 부모님들과 영재를 키우고 가르치시는 분들에게 영재와 영재교육에 대한 이해를 넓히는 데 도움이 될 수 있길 바랍니다.

이 책은 《수학은 우주로 흐른다》, 《수학자가 들려주는 진짜 논리이야기》에 이어 저의 세 번째 책입니다. 첫 책은 20여 년간 '수학사'를 강의하며 얻은 지식과 느낀 점을 바탕으로 썼고, 두 번째 책은 '집합론', '수학논리 및 논술'을 강의하며 느낀 점을 바탕으로 썼습니다. 저는 이제 수학자, 수학교육자에서 대중을 위한 교양 서적을 쓰는 작가로의 변신을 꾀하고 있습니다. 가능한 한 그동안 쌓아 온 지식과 경험을 토대로 남들보다 잘 아는 주제에 대한 책을 쓰고자 합니다.

이 책의 저술에 필요한 설문지에 충실하게 답변을 해 주신 (제자들의) 부모님들과 제자들에게 깊은 감사를 드립니다. 책을 꼼꼼히 읽고 조언을 해 주신 신동훈 교수님, 서희주 교수님, 지형범 원장님께도 감사를 드립니다. 그리고 정성스러운 편집을 통해 멋진 책으로 만들어 주신 교보문고의 한지은 선생님께도 감사드립니다. 끝으로 저의 저술 활동을 헌신적으로 지원해 준 저의 가족에게 감사드립니다.

원고를 마친 후 책이 미처 출간되기 전에 저의 아버님께서 갑자기 돌아가셨습니다. 거의 만 97세까지 사셨으니 장수하시긴 했지만 워낙 존재감이 컸던 분이라 상실감이 큽니다. 제 책이 나올 때마다 진심으로 기뻐해 주시고 자랑스러워하셨던 분이 이제는 안 계시니 아쉽고 그리운 마음 금할 수가 없습니다. 이 책을 저의 아버님께 바치는 바입니다.

송용진

CONTENTS

프롤로그 4

PART
1 | 내 아이는
영재일까?

대중은 천재를 좋아한다 21

내 아이는 영재일까 25

영재의 범주 29

지능은 재능 더하기 학습의 결과 31

지능지수는 높을수록 좋은 걸까? – 최적지능지수 36

재능과 지능 41

타고난 천재와 길러진 영재 41

미숙아에서 최연소 박사로 – 칼 비테의 조기 교육 44

암기만 잘한다고 영재는 아니다 45

영재교육에 관한 오해와 진실 49

영재를 대하는 우리의 자세 51

빨리 가르치면 효과적인가 58

창의성 교육만이 최선은 아니다 61

지나치면 모자란 것만 못하다 65

PART
2 | 영재는
만들어진다

아이의 재능은 부모 하기 나름 73

절제하는 부모 74

침착한 부모 77

신뢰할 수 있는 부모 79

균형감 있는 부모 81

결국 해내는 아이의 한 끗 차이 86

겸손은 성공의 열쇠 87

겸손을 가르치는 훈육법 90

연령별 적기 영재교육 96

유아 단계: 7세 이전 96

초등 저학년 단계: 7~10세 100

초등 고학년 단계: 11~14세 102

중고등 단계: 15~18세 104

영재의 정서교육 108

이상 행동 바로잡기 108

완벽주의 수정하기 111

관심 영역 확장시키기 113

신체 활동 시간 늘리기 115

성취하는 아이로 키우는 지혜 117

대한민국의 영재교육 119

10세 전후 영재를 위한 교육 프로그램 123

중고등부 영재를 위한 교육 프로그램

– 과학고등학교와 과학영재학교 130

교육공급자 중심의 과학 영재교육 132

사교육과 선행학습 138

영재교육과 엘리트교육 142

미국과 일본의 영재교육 147

미국과 우리 교육의 차이 148

미국의 영재교육 152

영재들의 정서적 요구를 도와주는 협회 155

일본의 영재교육 156

PART

3 영재에게 수학을 권한다

수학 공부를 권하는 이유 163

수학 영재라 불리는 아이들 170

내가 만난 영재들 173

영재를 키운다는 것 178

수학올림피아드는 대회 그 이상 183

수학에 대한 열정이 가득한 한국수학올림피아드 186

세계 수학 영재들의 교류의 장, 국제수학올림피아드 190

대한민국은 왜 강할까? 194

수학 · 과학 올림피아드의 그림자 198

PART 4 | 영재를 넘어 인재로

재능이 먼저일까, 노력이 먼저일까 205

학업 성취에 영향을 미치는 개인 성향 211

인재가 된 영재들 217

수학계의 모차르트, 테런스 타오 217

아시아계 인재들 223

동료와 라이벌 225

영재를 위한 진로 231

수학자가 좋은 이유 232

수학자가 하는 일 236

영재는 나라의 자원 242

빠르게 진화하는 인류 243

국가가 키우는 인재는 어디에 249

인재가 머무는 나라 252

전문가가 주도하는 교육 256

아이가 미래를 걱정하지 않도록 259

영재가 인재가 되려면 262

현명한 아이로 키우기 262

올바른 아이로 키우기 265

에필로그 272

PART

1

내 아이는
영재일까?

대중은 천재를 좋아한다

　대중은 천재들을 좋아합니다. 알베르트 아인슈타인Albert Einstein이나 앨런 튜링Alan Turing과 같은 천재에 열광하고 그들의 엄청난 천재성에 대한 이야기를 담은 책이나 영화를 즐깁니다. 성실한 노력으로 뛰어난 업적을 내는 사람보다는 탁월한 천재성으로 남들을 압도하는 사람에게 본능적으로 더 끌리지요.

　천재에 대한 이야기를 담은 〈아마데우스〉, 〈굿 윌 헌팅〉, 〈뷰티풀 마인드〉 같은 영화는 천재에게 쏠리는 대중의 심리를 파고들어 큰 성공을 거두었습니다. 하지만 영화는 영화일 뿐 현실에서는 성공하는 데 있어 그 사람이 가진 '천재성'은 결정적인 요인이 아닌 경우가 많습니다. 성실성, 사회성, 인내심, 체력, 판단력 등 본인의 여러 다른 능력이나 주변 사람들의 영향 등 여러 요인들이 함께 작용해야 진정한 실력자로 성장할 수 있지요.

물론 천재성이 유난히 돋보이는 예외적인 경우도 있습니다. 스포츠 분야에서 우사인 볼트Usain Bolt, 리오넬 메시Lionel Messi, 음악 분야에서 볼프강 아마데우스 모차르트Wolfgang Amadeus Mozart, 수학 분야에서 에바리스트 갈루아Évariste Galois, 스리니바사 라마누잔Srinivasa Ramanujan 등이 그런 천재들이라 할 수 있지요. 그들은 최고의 운동선수, 음악가, 수학자들 중에서도 유난히 두드러지는 천재적 재능을 가진 사람들입니다. 하지만 그와 같은 천재들조차도 알고 보면 타고난 재능 외에 다른 중요한 요인들이 함께 작용했을 확률이 큽니다.

그렇다고 해서 천재성이 그다지 중요하지 않다는 건 아닙니다. 천재성은 매우 중요합니다. 다만 성공에 있어 천재성은 필요충분조건이 아니라는 것입니다. 이런 상식적인 이야기를 굳이 하는 까닭은 이를 망각하고 천재성에만 집중하는 사람들이 많기 때문입니다.

타고난 지적 능력(intelligence) 또는 머리가 좋은 정도, 즉 타고난 재능을 '영재성'이라는 단어로 표현하겠습니다. '영재'나 '영재교육'이란 말은 중장년 세대가 어렸을 때는 잘 듣지 못하던 용어일 것입니다. 예전에도 영재라는 용어가 있긴 했지만 그보다는 '수재'나 '천재'라는 말을 주로 썼습니다. 수재는 '학업이 뛰어난 자' 또는 '학업에 큰 성취를 이룬 자'라는 의미로, 예전에 주로 이 용어를 사용했던 건 아이의 영재성 정도를 보통 '학업성취도' 중심으로 판단했기 때문일 것입니다.

1999년에 '영재교육진흥법' 제정에 대한 연구발표회에서 좌중의 한 교수가 일어나 "영재라는 말은 생소하니 다른 말을 쓰자."라고 주장하는 것을 본 적이 있습니다. 하지만 뛰어난 재능을 타고난 아이를 지칭할 때는 '수재'나 '천재'보다는 '영재'라는 용어가 나아 보입니다. 수재는 공부를 잘하는 사람이라는 의미가 강하고, 천재는 아주 소수의 특별한 재능을 가진 사람이라는 뜻으로 통하기 쉽기 때문입니다. 그래서 기존에 존재하던 영재라는 말의 개념을 새롭게 정립해 사용하는 것이 대중이 받아들이기에 더욱 편할 것입니다.

미국 교육부에서 펴낸 《멀랜드 보고서》(1972)에는 영재성의 분야를 다음과 같이 여섯 가지로 분류하고 있습니다.

① 지적 능력
② 특정 학문 탐구력
③ 창조적 · 생산적 사고 능력
④ 지도력
⑤ 시각예술 · 무대예술 능력
⑥ 운동 능력

이 책에서는 이 중 ①~③의 영재와 영재성을 중심으로 이야기하고자 합니다. 아무래도 수학 이야기가 많이 나올 것입니다.

사실 영재를 이야기할 때 수학이 어느 정도 대표성을 갖기도 합니다. 수학을 잘하려면 논리적 사고력이나 문제해결력, 창의적 사고력, 문해력, 서술력, 정보력, 암기력 등 다방면의 지적 능력이 필요하기 때문입니다. 어린아이들일수록 수학적 재능과 언어적 재능을 거의 비슷하게 갖는다는 것이 영재아동교육 전문가들의 공통적인 의견입니다.

미국에서는 대체로 높은 지적 능력을 가진 아이들의 영재성을 비교적 폭넓게 받아들이는 반면, 우리나라에서는 여러 분야 중 구체적으로 어느 분야에 뛰어난지 세분화하는 경향이 있습니다. 수학을 잘하는 아이인지, 과학을 잘하는 아이인지, 언어 능력이 뛰어난 아이인지를 구별하려는 경향이 있는 것이죠. 영재들의 구체적인 '능력 계발'에 주로 초점을 맞추다 보니 그 아이가 이다음에 커서 어느 방면의 실력자가 될 것인지를 미리 정하려는 심리 때문인 듯합니다. 하지만 미국에서는 대체로 영재들의 학교생활 적응이나 정서적 안정, 사회성 교육 등에 관심이 더 많다는 것이 우리와의 큰 차이입니다.

내 아이는
영재일까

어떤 아이를 영재라고 하는 걸까요? 대부분의 부모들은 내 아이도 영재가 아닌지 궁금해합니다. 코네티컷대학교의 조셉 렌줄리Joseph Renzulli 교수는 영재의 세 가지 특성을 다음과 같이 제시합니다.

첫째, 평균 이상의 지적 능력
둘째, 창의성
셋째, 과제집착력

첫째는 어려운 내용을 쉽게 이해하고 그것을 문제해결에 응용하거나 기억력이 탁월하고 책 읽는 것을 좋아하는 등의 특성을 의미합니다. 둘째는 새로운 것에 대한 호기심, 기발한 착상, 혼자서 문제를 해결하려는 의지, 자신만의 생각을 정립하려는 의지 등을 말합니다. 셋째는 과제를 수행할 때 자신의 신경을 모두 집중한다든가, 몇 시간이 걸리든 그것에 매달린다든가, 관심 있는 주제에 몰입하는 특성을 말합니다.

실제로 영재 아이를 둔 부모들에게 아이의 재능을 언제 알게 되었는지 물은 적이 있습니다. 그때 다음과 같은 대답을 들을 수 있었습니다.

"돌 지날 무렵에 이미 영재라고 생각했어요. 뭐든 빨리 배우더라고요. 두 돌이 되기 전에 알파벳을 알았고, 세 살에 덧셈을 했습니다. 만네 살 무렵 다니던 유치원의 선생님이 수학교육과를 나온 분이었는데 그분이 우리 아이가 아주 특별한 영재 같다고 해서서 이후 CBS영재교육학술원, 한국영재교육학술원(KAGE)에도 다니게 됐습니다. 우리 아이는 수학동화책과 같은 어린이 수학교양서 등을 통해 수학을 좋아하게 됐어요." – 학생A의 아버지

"아이가 초등학교 2학년 때, 수학 공부방을 운영하던 이모가 아이가 수학적 능력이 뛰어난 것 같다며 경시대회 출전을 권유했어요. 첫 출전에서 금상 트로피와 상장을 받고 나니 아이가 수학에 더 흥미를 갖더라고요. 이후 수학 문제집과 수학 관련 책을 닥치는 대로 풀고 읽었어요." – 학생B의 어머니

"수학적인 재능을 발견한 시기는 서너 살 정도였던 것 같아요. 한글

을 터득하기 전에 손가락으로 더하기 빼기를 하더라고요. 100의 자리 덧셈도 물어보면 답했고, 구구단을 외우기도 전에 원리를 터득해서 스스로 활용했어요. 그런 아이를 보니 좋으면서도 덜컥 겁도 났어요. 재능을 발휘시켜 주지 못할까 걱정됐죠. 그 당시는 인터넷 정보도 한정적이라 세 살 위 누나의 학습지 선생님이 주신 문제집도 풀려 보면서 나름 능력을 키웠어요. 그러다 초등학교 1학년 때 만난 학습지 선생님의 도움으로 점차 어려운 문제를 풀어 가며 실력을 키웠습니다."

– 학생C의 어머니

"아이가 어릴 때 저는 회사에 다녀서 같이 살고 계신 친할머니가 아이를 돌봐 주셨어요. 서너 살 무렵 할머니랑 TV를 보곤 했는데 그때 리모컨으로 채널을 돌리며 숫자를 혼자 깨치고, 전자계산기를 가지고 놀면서 사칙연산을 알게 됐지요. 한글도 스스로 깨쳤고요. 어렸을 때부터 숫자를 가지고 묻고, 대답하는 것을 재미있어 했습니다. 칭찬을 많이 해 주니 숫자놀이를 더 좋아하게 됐고요. 또래 아이들보다 레고 블록 맞추는 수준도 높았어요. 여러 면에서 이과적인 성향이 뛰어나다고 느꼈습니다. 다섯 살 때부터는 스토리 있는 만화책을 직접 구상해서 그림을 그리고, 말풍선에 글도 직접 쓰고 또 신문기사를 만들며 노는 것을 좋아했어요. 그즈음 이모 댁에 갔다가 사촌의 과외 선생님이 우리 애가 만든 책자를 보고 아이와 대화를 해 보더니 영재성이 보인다며 영재교육을 권했습니다. 그렇게 일곱 살부터 CBS영재교육학술원에 다니기 시작해 초등학교 2학년 때까지 갔는데 그 안에서도 칭찬을 많이 받는 아이였어요." - 학생D의 어머니

이외에도 영재 아이를 둔 대부분의 부모님은 아이가 3~4세 무렵 특별한 지적 능력이나 창의력을 보였고, 이를 잘 알아본 주변 사람들의 도움으로 아이의 영재성을 키워 나갔다고 이야기합니다.

영재들을 두루 만나며 저 또한 나름대로 그들의 공통적인 특징을 다음의 여덟 가지로 정리해 보았습니다. 저만의 분류이긴 하지만 대다수의 전문가들이 비슷하게 말합니다.

① 탁월한 기억력
② 강한 호기심
③ 높은 인지 능력과 추론 능력
④ 창의적 사고력
⑤ 강한 자아의식
⑥ 완벽성
⑦ 강한 집중력
⑧ 예민한 감성

물론 아이가 영재인지 아닌지는 지능검사를 통해 어느 정도 객관화해 살펴볼 필요가 있습니다. 하지만 때로는 정량적인 기준이 오히려 합

리적이지 않을 때도 있지요. 그래서 어쩌면 영재를 지도하는 선생님, 영재전문가, 주변 사람들의 '느낌'이 가장 정확할지도 모르겠습니다.

✏️ 영재의 범주

흔히 영재성의 정도에 따라 영재를 크게 세 가지로 분류합니다. 하나는 일반영재(Gifted)입니다. 이들은 대략 상위 2퍼센트 내외로, 웩슬러 검사(표준편차 15) 기준 130점 이상에 해당합니다. 참고로 여기서 상위 2퍼센트란 명확한 구분이라기보다는 상징적인 숫자입니다.

다음은 고도영재(Highly Gifted, HG)입니다. 고도영재는 대략 상위 0.1퍼센트(마찬가지로 상징적인 숫자입니다) 정도로, 소위 '천재'라 불리는 아이입니다. 이는 앞과 동일한 웩슬러 검사 기준 160점 이상에 해당하며 영재성의 정도, 방향, 특성은 다양하게 나타납니다. 미국 학자들 중에는 고도영재의 행동양식이나 사고방식이 일반영재들과 다르다고 이야기하는 사람들이 많습니다만 여기에 완전히 동의하기는 어렵습니다. 그간 지도하며 관찰해 온 우리나라 수학 영재들의 행동양식이나 사고방식이 일반 아이들과 크게 다르지 않았기 때문입니다.

2023년 교육부가 발표한 제5차 영재교육진흥종합계획에서 공식적으로는 처음 고도영재라는 말이 등장합니다. 영재교육진흥법상 '영재교육특례자'로 불리던 용어가 고도영재라는 용어로 구체화한 것입니다.

마지막은 희귀영재(Profoundly Gifted, PG)로, 미국에서 비교적 최근에 등장한 분류입니다. 희귀영재는 10만 명 중 1명 정도의 영재로, 웬만한 영재교육 전문가들도 보기 힘든 아주 특별한 케이스라 별다른 기준은 없습니다.

영재를 지능지수(IQ)에 따라 구분하면 다음 표와 같습니다. 단, 이분류는 완전히 통일된 원칙은 아니고 어느 정도 이상의 높은 점수나 퍼센트는 주관적일 수 있습니다. 현재 교육부에서는 이 분류표를 기준으로 초고도영재와 희귀영재를 고도영재로 구분하고 있습니다.

지능지수에 따른 영재의 분류

분류	기준	지능지수
일반영재(Gifted)	16.6~2.27%	116~129
중간영재(Moderated Gifted, MG)	2.27~0.1%	130~144
고도영재(Highly Gifted, HG)	0.1~0.01%	145~159
초고도영재(Exceptionally Gifted, EG)	0.01~0.001%	160~179
희귀영재(Profoundly Gifted, PG)	0.001% 미만	180 이상

그럼에도 불구하고 고도영재에 대한 명확한 기준을 잡는 게 쉬운 일은 아닙니다. 교육부에서도 고도영재의 판별 기준을 찾겠다고 했고, 국회에서 열린 영재교육 토론회에서도 한 영재교육 전문가가 고도영재 판별을 위한 객관적인 기준 마련을 촉구하기도 했지만 수치나 객관적인 자료보다는 '주관적 판단의 체계화'에 초점이 맞춰져야 할 것입니다.

영재를 이렇게 나누는 게 자칫 줄 세우기처럼 느껴질지도 모르겠습니다. 하지만 이런 영재 분류의 목적은 영재성의 정도에 따라 아이들의 성향이 다르고, 또 그들을 지도하는 방법과 목표 등에 차이가 발생하기에 맞춤 교육을 하기 위함이라고 보는 것이 좋겠습니다.

✎ 지능은 재능 더하기 학습의 결과

아이들의 지적 능력을 지능검사를 통해 단순히 숫자로 나타낸다는 것은 일견 무모해 보이지만 그래도 어느 정도의 신뢰성만 보장된다면 좋은 점도 있습니다. 가상의 양을 수치로 나타낼 수 있다는 건 아주 편리한 일이니까요. 요즘 젊은이들이 마이어스-브리그스 유형 지표(Myers-Briggs Type Indicator, MBTI)에 관심을 갖고 재미있어 하는 것도 이와 비슷한 심리가 아닐까 싶습니다.

과거 국제수학올림피아드 국가대표 학생들의 특성과 능력에 대한 언론 인터뷰에서 기자들이 가장 흔히 했던 질문은 "학생들의 IQ는 어느 정도 되나요?"였습니다. 다행히 요즘에는 그런 질문이 거의 없습니다. 기자들의 질문 의도를 모르는 바는 아니지만 그런 질문에 대해 저는 대개 "그들은 세계에서 가장 똑똑하다는 것이 이미 증명된 학생들입니다."라고 답했습니다. 수학올림피아드에서 좋은 성적을 내려면 각별한 노력이 필요합니다만 국가대표가 될 정도의 성적을 내기 위해서는 적어도 상위 0.1퍼센트 이상의 재능이 필요하지요. 그 이상의 재능을 수치로 측정하는 건 큰 의미가 없습니다. 지능검사라고 해서 100

퍼센트 타고난 잠재력만 측정하는 건 아니기 때문입니다. 오히려 수학 올림피아드가 세상의 그 어떤 지능검사보다 더 신뢰도 높은 검사라고 할 수 있습니다.

GES 영재교육센터의 지형범 대표에게 지능검사의 신뢰성에 대해 물은 적이 있습니다. 멘사코리아 회장도 역임했고 지능검사에 대해 경험이 많은 전문가입니다. 그는 지능검사에 대해 "지능검사는 오랜 세월 많은 아이들을 대상으로 진행해 온 것이니 신뢰할 만하다", "다른 검사로 다시 받아도 점수는 비슷하게 나온다"라고 말합니다. 전문가의 말이니 저는 그 말을 신뢰합니다.

본래 지능검사는 타고난 지능, 즉 '잠재력' 측정이 목적이긴 하지만 각자가 현재 가지고 있는 지능이란 타고난 재능에 학습과 환경이 더해진 능력이기 때문에 순수하게 잠재력만 측정한다고 보기는 어렵습니다. 사고의 속도 역시 책을 일찍부터 많이 읽은 아이들은 그렇지 않은 아이들보다 높게 나올 확률이 크기 때문입니다.

전 세계적으로 수백 가지의 지능검사가 있지만 우리나라에서 흔히 하는 검사로는 웩슬러 검사(WAIS)와 멘사 검사(레이븐스 검사와 스탠포드-비네 검사. 주로 레이븐스 검사)가 있습니다. 물론 이외에도 다양한 검사가 있고 요즘에는 인터넷 검사도 많습니다. 예를 들어, 아이큐 멘토(IQ Mentor)라는 회사는 휴대전화로 간편하게 확인하는 지능검사를 제공하고 있습니다.

그중에서도 웩슬러 검사는 보편성과 공인성이 더 높은 편입니다. 이

검사는 연령에 따라 유아용(WIPPSI), 아동용(WISC), 성인용(WAIS) 세 가지로 나뉘는데 유아용과 아동용의 경우 국내 통계 작업을 거쳐 다듬어진 한글판이 있으며 이에 대해서는 앞에 K를 붙여 K-WIPPSI(현재 4판), K-WISC(현재 5판)라고 합니다. 웩슬러 검사에서는 크게 언어이해, 지각추론, 작업기억, 처리속도 등 네 가지 영역의 검사를 하며, 그 안에 다양한 소검사들이 있습니다. 아동용의 경우 기본적으로 열 가지의 소검사가 갖춰져 있습니다. 네 영역 중 중요한 건 언어이해와 지각추론입니다. 작업기억이나 처리속도가 비교적 낮더라도 이 두 영역 점수가 높으면 전체 점수가 높게 나올 수 있습니다.

웩슬러 검사는 총점만이 아니라 항목별 점수, 검사를 받는 학생의 태도와 반응 등도 중요하기 때문에 전문 교육을 받은 임상심리사의 관찰 하에서 검사를 받도록 하는 것이 좋습니다. 측정 시간은 한 시간 이상 걸리는 경우가 많아 아이들의 경우 중간 휴식이 필요할 수 있습니다.

웩슬러 검사와 유사한 검사로는 카우프만 검사가 있습니다. 웩슬러 연구소에서 근무하던 카우프만 부부가 웩슬러 검사의 단점(주로 처리속도 부분)을 보완하고자 만들었기 때문에 둘은 유사한 점이 많습니다. 둘 다 배터리 방식(일대일 검사)이기도 합니다. 다만 카우프만 검사는 검사도구(장난감)와 소검사 수가 많은 편입니다. 그래서 웩슬러 검사보다 시간이 좀 더 걸리기 때문에 아이들이 힘들어할 수 있고, 비용도 더 많이 듭니다. 아이가 참을성이 좋은 편이고 좀 더 꼼꼼한 검사를 받고 싶다면 카우프만 검사를 받아 보는 것도 좋습니다.

멘사 검사는 인종, 환경, 노력과 무관한 본인의 잠재적 창의성을 측정하는 검사입니다. 이 검사는 나라에 상관없이 국제적으로 표준적인 것을 추구하다 보니 도형추론검사 위주로 구성돼 있고 언어영역은 없습니다. 웩슬러 검사와 멘사 검사의 차이를 간단히 정리하면 다음과 같습니다.

웩슬러 검사와 멘사 검사의 차이

분류	웩슬러 검사	멘사 검사
표준 편차	15	24
검사 영역	언어이해, 지각추론, 작업기억, 처리속도	도형추론
상위 2.28%	130점	148점
상위 1.07%	135점	156점
최대 점수	160점	196점

아이가 진짜 영재인지 궁금하다면 지능검사를 받아 보는 것이 좋습니다. 검사를 받기 전에 영재라고 확신할 수도 있겠지만 초등학교 입학 전후 전문가에게 개별적인 지능검사와 성취도검사를 받는 게 도움이 됩니다. 다만 무엇보다 중요한 건 그 숫자를 지나치게 신봉하지 말아야 한다는 것입니다. 점수는 단지 참고 자료일 뿐입니다. 지능검사는 두뇌 회전 속도나 수학적 사고력 쪽으로 편향될 수 있습니다. 그저 120점 이상이니 머리가 좋구나, 140점을 넘었으니 두뇌 회전 속도가 엄청 빠르구나 정도만 인식해도 충분합니다.

영재의 특성과 능력이 단순히 타고난 재능으로부터 오는 것이라고 생각하기 쉽지만 어쩌면 영재의 학습에 대한 의지와 에너지로부터 오는 것일 수도 있습니다. 앞에서 말했듯 사람의 지능은 타고난 재능에 학습이 더해져 형성됩니다. 지능은 학습을 통해 계발되기 때문에 지능검사로 그런 능력이 오롯이 타고난 것인지 아니면 학습에 의해 길러진 것인지 구별하기도 어렵고 사실 굳이 구별할 필요도 없습니다. 지금의 지능이 그 자체로 능력이고 그것이 타고난 재능보다 덜 소중한 건 아니기 때문입니다. 타고난 것이든 학습을 통해 얻은 것이든 지금 가지고 있는 능력을 기준으로 교육하면 됩니다.

각자의 재능의 차이는 어릴수록 크게 나타나지만 10대 때부터는 그 차이가 줄어듭니다. 재능이 일찍부터 발현되는 아이가 있는 반면 뒤늦게 발현되는 아이도 있습니다. 어린이들의 운동 능력을 보면 그런 현상을 뚜렷하게 확인할 수 있습니다. 5~6세 어린이들의 축구교실에 가보면 개개인의 운동 능력에 큰 차이가 있습니다. 하지만 고등학생 축구 선수들은 개개인의 실력 차가 한눈에 들어올 정도로 심하지는 않습니다. 공부도 이와 유사합니다. 공부든 운동이든 뒤늦게 성장하는 아이들이 무서운 법입니다. 머리가 좋고 나쁨, 운동신경이 좋고 나쁨은 분명 개개인의 차이가 큽니다. 하지만 소질의 좋고 나쁨을 절대적인 기준이나 가치로 여기지는 말아야 합니다.

지능의 계발은 좋은 기초를 다지고 그 위에 집을 짓는 과정에 비유할 수 있습니다. 타고난 재능에 더해서 3세 정도의 유아기까지 기초를 형성하는 과정을 '경험 기대적 발달 과정'이라고 부릅니다. 유전적 특징이 강한 시기라 할 수 있지요. 집짓기의 기초에 해당되겠습니다. 그리고 그 이후에 여러 가지 개인적 경험을 통해 지능을 계발하는 과정을 '경험 의존적 발달 과정'이라고 합니다. 탁월하게 훌륭한 집을 지으려면 이 두 가지 과정이 모두 잘 이루어져야 한다는 것은 당연합니다.

📎 지능지수는 높을수록 좋은 걸까?
최적지능지수

앞에서 영재는 일반영재, 고도영재, 희귀영재 세 가지로 나뉜다고 설명했습니다. 그런데 지능지수가 높다는 게 과연 무조건 좋기만 한 걸까요? 고도영재나 희귀영재는 크든 작든 정서적·사회적 적응 문제를 갖게 된다고 알려져 있습니다. 지능지수가 너무 높으면 학업 능력이 오히려 떨어질 수 있다고도 하지요. 그래서 일부 학자들은 '최적지능지수'라는 개념을 만들었습니다. 최적지능지수는 웩슬러 검사 기준 115~125(멘사 검사 기준 125~140) 정도입니다. 이 정도의 지능지수를 가진 아이들은 일반적인 아이들보다 학습 능력이 좋지만 그 차이가 크지 않아 또래와 어울리는 데 문제가 적다고 보는 것입니다. 물론 최적지능지수를 가진 아이라고 해서 모두 별다른 정서적 문제 없이 학교생활이나 사회생활에 잘 적응하고 후에 성장해서 학자나 의사, 변호사, 정치인 등 성공한 전문가가 되는 것은 아닙니다. 잠시 수학적(통계적)으로 따져 보면, 성공한 전문가들은 대개 어렸을 때 평균보다 높은 지능지수를 나타냈고, 이들 중에는 최적지능지수에 속하는 사람들 수가 그 이상의 점수에 속하는 사람들 수보다 압도적으로 많다 보니 결과적으로 '성공한 전문가들은 대개 최적지능지수를 가진 사람들'이라는 인식이 생기기 쉬워진 것입니다.

하지만 영재 중에 주의력결핍과잉행동장애(ADHD) 성향을 보이는 아이들이 많다는 인식이 있는 것도 사실입니다. ADHD 아이가 보이는 과잉 행동, 부주의, 주의 산만의 특징이 일부 영재들이 보이는 과잉 행동과 유사하기 때문이지요. 고도영재들의 경우에는 일반영재보다 정서적 안정성이 떨어지고 ADHD, 망상충동장애(OCD), 대립적반항장애(ODD), 자폐 등을 가질 확률이 더 높은 것으로 알려져 있습니다. OCD와 ODD는 ADHD와 유사한 점이 있지만 조금 다릅니다. OCD란 망상·공포·충동·집착 등의 정신적 비정상을 보이는 경우를 말하고, ODD란 뭐든지 부정적인 시각으로 보는 것으로, 특히 권위·규칙 등을 무시하거나 의도적으로 남을 방해하거나 누군가를 비난하는 행동을 보이는 경우를 말합니다. 이러한 장애를 가진 영재들을 미국에서는 '두 번 예외적 영재(twice-exceptional 또는 both gifted and challenged, 2E)'라고 부릅니다. 줄여서 2E라고 하는데 이런 영재는 탁월한 재능을 갖고 있긴 하지만 다른 한편으로 어떤 형태의 정신적 장애를 가진 경우를 말합니다.

그렇다면 보통 아이들 중 ADHD의 비율은 얼마나 될까요? 2016년 세계보건기구(WHO)의 발표에 따르면 청소년 ADHD의 비율은 5~7

퍼센트 정도라고 합니다. 또한 미국질병통제예방센터(CDC)에서는 미국의 5~17세 아이 중 ADHD의 비율이 9.8퍼센트라고 발표하기도 했습니다. 영재 중 ADHD의 비율은 얼마나 될까요? 대한민국의 경우, 지능지수를 기준으로 한 3~17세의 영재 중 ADHD 비율은 9.4퍼센트라는 논문이 있습니다.* 이런 결과로 볼 때 영재들 중에 ADHD의 비율이 전체 평균보다 그리 크게 높다고 하기는 어렵습니다. 따라서 영재가 보이는 과잉 행동 또는 과잉 호기심을 모두 ADHD로 의심할 필요는 없습니다.

초등학교 저학년의 경우 과잉 행동을 보이는 영재는 ADHD를 가진 학생과 똑같이 다른 학생들의 학습에 방해가 되는 행동을 해서 걱정하는 부모들이 많습니다. 하지만 그럴수록 '교육적 중재'라 불리는 심리지도를 잘해야 합니다. 최근 자녀의 정신건강과 학습의 연관성에 대한 관심이 많아지면서 소아청소년정신과를 찾는 부모들이 많기도 하고, 간단하게 인터넷에서 자가진단테스트를 찾아서 ADHD 검사를 할 수도 있습니다. 예를 들어, 심리상담센터 마음소풍(www.maum-sopoong.or.kr)에서는 매우 다양한 온라인 자가진단테스트를 제공하고 있습니다.

과잉 행동을 보이는 영재와 ADHD를 가진 아이에게는 두 가지 차이가 있습니다. 첫째, 과잉성이 다릅니다. 정신적 흥분성을 보이는 것은 유사한 점이지만 잘 관찰해 보면 영재는 관심이 집중적이고 방향성

---

* Chae, Kim, Noh, "Diagnosis of ADHD among children in relation to KEDI-WISC and T.O.V.A. performance", *Gifted Child Querterly*, vol. 47(30, 192-201), 2003.

이 있는 반면, ADHD를 가진 아이는 방향성이 없고 목표지향적이지 않습니다. 둘째는 두뇌의 실행 능력이 다릅니다. 영재는 산만한 듯하면서도 남들보다 뛰어난 점이 있거나 자기 통제가 어느 정도 되는 경우가 많지만 ADHD를 가진 아이는 지능지수는 정상 범위에 있더라도 자신이 알고 있는 것을 실행하는 능력이 부족합니다.

미국의 '영재들의 정서적 요구를 도와주는 협회(Supporting Emotional Needs of the Gifted, SENG)'를 주도한 미국 심리학자이자 영재아협회 이사 제임스 웹James Webb 등이 공동 저술한 《오진(Misdiagnosis)》*이라는 책이 있습니다. 여러 형태의 정서적 문제를 안고 있는 고도영재들에 대한 오진과 잘못된 치료의 예, 그리고 그들을 위한 올바른 정서 안정 프로그램의 방향을 제시하는 책이지요. 일부 영재 중에는 과흥분성(overexcitability)을 보이는 아이들이 있습니다. 이 책에서는 과흥분성을 지적 과흥분성(intellectual overexcitability), 상상 과흥분성(imaginational overexcitability), 감정적 과흥분성(emotional overexcitability), 정신운동적 과흥분성(psychomotor overexcitability)으로 분류합니다. 또한 이 책은 영재의 행동 특성을 다음과 같이 세분화하여 정리하고 있으니 내 아이의 행동 특성이 이와 얼마나 유사점이 있는지 생각해 보는 것도 좋겠습니다.

– 나이에 비해 특이하게 많은 단어와 복잡한 문장 구조 사용

---

* James Webb, et al., *Misdiagnosis and dual diagnoses of gifted children and adults*, 2nd Ed. 2016, Great Potential Press.

- 언어의 미묘함에 대한 이해

- 오랫동안 집중

- 강렬함과 예민함

- 여러 방면에 대한 흥미

- 강한 호기심과 끊임없는 질문

- 실험해 보기와 다른 방법으로 해 보기

- 특이하고 창의적인 방법으로 여러 가지를 연관 지음

- 기초 지식을 쉽게 익힘

- 읽고 쓰기 스스로 터득

- 탁월한 기억력

- 비정상적인 유머 감각

- 복잡한 게임 등을 통해 사람들과 사물들을 조직

아이의 영재성의 정도와 특성은 항상 일정한 것이 아닙니다. 그런 의미에서 아이가 얼마나 영재인지를 판정하려 하기보다는 어떻게 영재성을 계발시킬 것인지가 훨씬 더 중요하고 여기에는 부모의 역할이 크다고 하겠습니다.

재능과 지능

우리말로 '재능이 뛰어난 사람'이라는 말을 영어로는 'gifted' 또는 'talented'라고 합니다. 그런데 미국에서는 (주로 학문적인 영역에서) 이 두 단어를 서로 다른 의미로 쓰는 경우가 많습니다. 먼저 'gifted'란 수학, 과학, 언어, 역사 등과 같은 학문적 분야 중 한두 가지에서 뛰어난 재능을 가진 사람을 표현할 때 쓰고, 'talented'란 스포츠와 예술 분야 등에서 뛰어난 재능을 가진 사람을 표현할 때 씁니다. 이 책에서는 주로 지능이 뛰어난 아이들, 즉 'gifted children'에 대해 이야기하려 합니다.

🖉 타고난 천재와 길러진 영재

제가 좋아하는 만화 중에 피아노 천재 '카이'를 주인공으로 한 〈피아노의 숲〉이라는 만화가 있습니다. 카이에게는 슈우헤이라는 학교 친

구이자 라이벌이 있지요. 슈우헤이는 좋은 집안에서 태어나 지원을 잘 받으며 좋은 환경에서 피아노를 배우고 평소에도 매우 성실하게 피아노 연습을 합니다. 반면 카이는 집안이 좋지 않아 오로지 타고난 재능만으로 피아노를 연주합니다. 그런데 라이벌인 둘 중에서 사람들의 가슴을 울리는 감동적인 연주를 하는 것도, 전국 피아노 콩쿠르에서 우승을 하는 것도 늘 카이입니다. 나중에 카이는 쇼팽 콩쿠르에서도 우승합니다. 이 만화의 작가 이시키 마코토一色まこと는 대중의 심리를 아주 잘 아는 것 같습니다. 대중은 성실한 영재보다 타고난 천재를 좋아한다는 걸 말이죠.

사람들은 수학을 잘하든 운동이나 음악을 잘하든 학습이나 연습을 통해 성취를 이룬 사람보다는 재능을 타고난 사람을 더 높이 쳐 줍니다. 그러다 보니 뛰어난 능력을 가진 사람을 볼 때 재능에만 주목합니다. 예를 들어, 아르헨티나의 리오넬 메시나 포르투갈의 크리스티아누 호날두Cristiano Ronaldo와 같은 축구 선수의 플레이를 보며 "그는 지구인이 아닌 것 같다", "그만이 할 수 있는 플레이다"라며 선수들의 재능을 극찬하지요. 하지만 성취의 결과만 보고 그것이 타고난 재능 때문인지 아니면 부단한 노력과 유별난 환경 때문인지 구별할 수 있을까요? 타고난 천재만이 진짜라고 할 수 있을까요?

사교육이 사회적 문제가 되고 있는 우리나라에서는 타고난 영재는 정의롭지만 길러진 영재를 그렇지 않은 것으로 인식하는 경향이 있는 것 같습니다. 그래서 과학영재학교의 입시와 교육과정에 대해 논의할 때도 대부분 "어떻게 하면 길러진 영재보다 타고난 영재를 뽑을까?" "어떻게 하면 (학습을 통해 만들어진 학생들보다) 타고난 영재들에게 유리한 교육과정을 구성할까?"에 더욱 집중합니다.

당연한 얘기지만 천재성의 정도, 그 천재성의 지속성, 학습 의지 등은 속단할 수 없습니다. 그럼에도 불구하고 대중과 언론은 어린 영재에게는 열광하면서도 그 영재가 자라 10대 중반쯤 진짜 영재인지 여부를 판정할 수 있게 됐을 때는 관심이 사그라집니다. 수학 영재들에 대한 인터뷰에서도 기자들은 어린 영재에 대해서는 관심이 많지만, 진짜 영재임이 확인된 국제수학올림피아드 금메달리스트들에 대해서는 별 관심이 없습니다. 물론 그들이 성취한 높은 수준의 수학적 내용을 대중에게 전달하기 어렵기 때문이기도 하겠지만 영재학교 학생들은 사교육에 의해 만들어진 영재일 뿐이라는 통념의 영향도 있지 않을까 싶습니다.

타고난 천재와 길러진 영재는 따로 있지 않습니다. 각자의 지능이란 타고난 재능과 교육이 공동으로 만들어 낸 결과물입니다. 타고난 재능이 길러진 능력보다 더 귀한 것도 아닙니다. 어릴 때 보이는 재능의 차이는 자라면서 점차 줄어듭니다. 교육은 긴 호흡을 갖고 차분하게 해야 합니다. 결국 우리의 목표는 아이를 훌륭하고 행복한 전문가로 키우는 것입니다.

📎 미숙아에서 최연소 박사로

칼 비테의 조기 교육

칼 비테Karl Witte는 조기 교육의 성공 모델로 평가받고 있습니다. 목사였던 그의 아버지 칼 비테(아들과 동명)는 조기 교육, 영재교육을 주장한 유명한 교육가였습니다. 그는 자신의 주장을 입증하기 위해 일부러 평범한 여자와 결혼합니다. 그리고 그의 나이 52세에 아들 칼 비테가 미숙아로 태어났지요. 아들 칼 비테는 아버지의 철저한 교육으로 9세 무렵 6개 국어를 자유롭게 구사했고, 10세에 라이프치히대학교에 입학했으며, 13세에 기젠대학교에서 역사상 최연소 박사학위를 받았습니다. 그리고 베를린대학교 법학 교수로 임명된 이후 83세까지 장수하며 활동적인 삶을 살았지요.

아버지 칼 비테의 자녀 교육 비법을 담은 책 《칼 비테 교육법》은 오랫동안 영재교육과 조기 교육의 바이블로 널리 읽혔습니다. 그는 태교부터 시작해 아이가 태어나면서부터 아이를 위한 '전인격적 교육'을 해야 한다고 말합니다. 그래서 자신의 아이는 특별한 아이가 아니었고 오히려 미숙아로 태어나 걱정했지만 부모의 체계적인 교육을 통해 건강하게 자라서 몸과 마음과 생각 모두가 건전하고 지혜로운 학자가 되었다고 이야기합니다. 한마디로 "영재는 태어나는 것이 아니라 교육에 따라 만들어진다."라고 주장한 것입니다.

그의 교육법은 매우 구체적입니다. 먹는 음식에 따라 성격이 바뀔 수 있다고 주장하며 먹을 음식도 정해 주고, 인생에 친구는 그리 필요하지 않다며 친구 사귀는 방법도 정하는 등 세세한 면까지 아이를 컨트롤합니다. 또한 한두 가지 잘하는 것을 키워 주는 교육보다 다양한 분야의 지식을 익히도록 하는 것이 좋다고도 말합니다. 결과적으로 칼 비테를 훌륭하게 성장시켰으니 조기 교육이 아이를 망치기 쉽다는 당시의 통념이 잘못됐다는 걸 몸소 보여 준 셈입니다.

다만 200년 전의 독일과 현대의 대한민국 사이에는 간극이 있음을 놓치지 말아야 합니다. 아이가 미숙아로 태어났기 때문에 보통의 아이들에 미치지 못한다는 그의 주장도 사실 별로 과학적인 근거가 없습니다. 또한 아이의 행동, 독서, 음식 등 일거수일투족을 자신의 계획에 따라 간섭하는 건 당시의 경직된 사회 분위기에서는 가능했을지 몰라도 현대에는 비교육적인 것으로 비칠 수 있습니다.

조기 교육은 분명 아이의 실력 향상에 도움이 됩니다. 우리나라 아이들의 학력 수준이 높고 국제수학올림피아드에서 탁월한 성적을 내는 것 또한 조기 교육의 효과 덕이라고 할 수 있습니다. 하지만 항상 지나침을 경계해야 합니다. 지나칠 때 발생하는 부작용이 예상보다 클 수 있습니다.

🖋 암기만 잘한다고 영재는 아니다

영재들 대다수가 어린 시절 엄청난 암기력을 보입니다. 사진을 찍듯이 외우는 포토메모리(photo memory) 능력을 가진 아이들도 있지요.

오펜하이머와 폰 노이만

20세기 최고, 또는 역사상 최고의 천재로 꼽히는 헝가리 출신 수학자 요한 폰 노이만Johann von Neumann도 그랬습니다. 그는 8세 이전에 라틴어, 그리스어, 영어, 프랑스어, 이탈리아어로 글을 읽었는데 부다페스트에서 가장 유명한 금융가였던 그의 아버지는 집에 온 손님들에게 아들의 이런 놀라운 암기 실력을 보여 주는 걸 즐겼다고 합니다. 손님이 전화번호부의 한 페이지에서 세로 한 줄을 고르면 폰 노이만은 잠깐 사이에 거기 적힌 모든 사람의 이름과 전화번호, 주소를 외웠습니다. 그는 성인이 된 후에도 뛰어난 기억력으로 사람들을 놀라게 했는데 한편으로 아주 사소한 것들은 잘 기억하지 못했다고 합니다.

　예전에는 뭐든 잘 외우는 아이가 머리 좋은 아이라는 인식이 있었습니다. 암기력 이외의 다른 사고력은 사람들 머릿속에 없던 시절이지요. 아마 아는 것과 이해하는 것의 차이가 그리 중요하지 않던 시대의 유물일 것입니다. 어릴 때는 개인 간 암기력 차이가 크지만 나이가 들면서 그 차이는 점차 줄어듭니다. 훌륭한 학자가 되는 데 있어 암기력이 차지하는 비중은 그리 크지 않지요. 그럼에도 불구하고 여전히 암기력이 타고난 재능이고, 그래서 사람들 사이 격차가 크다고 생각하는 사람들이 의외로 많습니다. 얼마 전 유명한 수학자 한 분이 기억력에 관해 이런 이야기를 했습니다. "암기력은 타고난 재능이에요. 저는 평생 암기력이 형편없는데, ○○○ 교수 같은 사람은 외우는 능력이 엄청나요." 하지만 그분 역시 최고의 명문 고등학교, 대학교, 대학원을 나왔고, 연구 업적도 뛰어난 학자입니다. 그처럼 자신은 외우는 데 소질이 없다고 생각하는 사람들이 많습니다. 하지만 암기력에 관해서는 개인 간의 타고난 재능의 차이를 증명하기는 쉽지 않습니다. 대다수의 사람들이 자기가 관심이 있는 내용은 잘 기억하기 때문입니다.

암기력은 반복적인 훈련이나 연습, 자신감, 연상법, 경험 등으로 충분히 증진시킬 수 있습니다. 영어 단어 외우기를 예로 들어 보면, 단어 1,000개를 외워야 한다고 했을 때 처음 200개 정도를 외울 때는 시간도 많이 걸리고 외운 것도 금방 잊어버리지만 계속해서 외우다 보면 시간도 줄고 외운 것도 머리에 오래 남습니다. 이때 중요한 건 믿음입니다. 아무리 해도 잘 외워지지 않는 고난의 시간이 지나고 나면 결국 외우게 되리라는 믿음 말입니다. 저는 마흔이 넘어 일본어 공부를, 쉰이 넘어 중국어 공부를 시작했지만 지금은 두 언어 모두 읽고 대화하는 데 별문제가 없습니다. 남들이 보기엔 쉽게 익힌 것 같을지도 모르겠습니다. 하지만 제게는 기나긴 고난의 시간이 있었습니다.

예전에 TV에서 포스텍 수학과의 한 학생이 원주율 π를 소수점 5,000자리까지 외우는 프로그램을 본 적이 있습니다. 누구든 노력하면 100자리 정도까지 외우는 건 그리 어렵지 않을 것입니다. 그러나 1,000자리를 넘기는 건 다른 문제입니다. 그렇다면 세계 기록은 얼마나 될까요? 기네스 공식 기록은 7만 자리가 넘는다고 합니다. 눈을 가리고 열일곱 시간 이상 걸려 완성한 기록입니다. 그 정도까지는 아니라고 해도 수만 자리 이상 외운 사람도 꽤 됩니다. 그들 모두 처음 몇천 자리를 외우는 데 걸린 시간이 총 시간의 상당 부분을 차지했을 것입니다. 외우다 보면 효율이 증대되는 법입니다.

또한 어린아이들이 보이는 암기력을 천재성 그 자체로 인식하거나 아이가 어떤 피상적 사실을 '기억'하는 것을 두고 그 의미까지 모두 '이해'하고 있는 것으로 오해해서는 안 되겠습니다.

영재교육에 관한
오해와 진실

한때는 공부를 잘하고 명문대학교를 졸업하는 게 최고의 성취이자 교육의 목표라고 여기는 사람들이 많았습니다. 그러다 보니 영재성과 학업 성취를 동일시하는 경향이 있었지요. 이제는 영재와 공부 잘하는 아이를 동일시하는 사람들은 많지 않습니다. 머리가 좋다고 반드시 성적이 좋은 것은 아니기 때문입니다. 하지만 아직도 어려서부터 영재였던 아이가 명문대학교에 입학하지 못하면 실패자로 보는 경향이 있습니다. 좋은 학교에 들어가는 것을 성취의 핵심으로 여기기 때문입니다. 이는 영재와 수재를 동일시하는 전통적 영재관이 남아 있다는 것을 의미합니다.

그런데 최근에는 이와 반대로 시험 성적은 전혀 중요하지 않다는 극단의 주장을 하는 이들이 꽤 많습니다. 이러한 논리는 필요조건과 충분조건의 혼동이라는 논리적 오류에서 기인한 듯 보입니다. '영재라고 해서 반드시 공부를 잘하는 것은 아니다'를 '공부를 아무리 잘해도 영재는 아니다'로 해석한 것입니다. 영재와 수재라는 용어로 설명하면, 영재라고 반드시 수재인 것은 아니지만 수재는 영재임에 틀림없는데 이를 혼동하는 것입니다. 집합으로 설명하자면 뛰어난 수재 집합은 영재 집합의 부분집합입니다.

영재와 수재의 상관관계

예전에 과학 영재교육을 주도하던 그룹의 영재교육관이 그러했습니다. 그 영향으로 지금도 영재교육원에서는 수월성 교육(남들보다 뛰어난 능력을 가진 아이를 더욱 개발시키는 교육)은 안 된다며 어떠한 형태의 필기시험도 보지 못하게 합니다. 한국과학영재학교의 경우 학생들에게 올림피아드 등의 경시대회에 참가하는 것은 좋지 않은 일이라고 가르칩니다.

예전에 그 그룹의 리더 격이었던 한 교수는 유난히 영재교육에서 수월성 교육과 올림피아드를 나쁘게 보았는데 한번은 대통령과학장학생 선발 면접에서 당시 우리나라 최고의 수학 영재인 학생을 떨어뜨려야 한다고 주장해 수학 교수들과 큰 마찰을 빚은 적이 있습니다. 그 교수의 주장은 "그 학생은 시험만 잘 볼 뿐이지 진짜 영재가 아니다. 내 질문을 이해하지도 못한다."라는 것이었습니다. 그 후 그 학생에게 면접에서 어떤 질문이 있었는지 물어보니 그는 "그 교수님께서 질문에 모순이 있는 이상한 질문을 하셨어요. 그래서 제가 그 질문은 성립하지 않는다고 했습니다."라고 답했습니다. 그 학생은 지금은 명문대학교의 수학 교수가 되어 있고 우리나라 최고의 젊은 수학자로 인정받고 있습니다.

이 세상에는 다양한 영재가 존재할 수 있습니다. 시험 성적이 탁월하게 좋은 아이들은 많은 영재 중 일부입니다. 뭐든 극단에 치우치지 않는 것이 좋습니다. 이분법적 논리는 좋지 않습니다. 영재와 영재교육에 관한 이슈에서 대중이 가장 먼저 가져야 할 자세는 영재들을 '유연한 사고방식'으로 바라보는 것입니다. 경직된 사고방식은 편견을 불러올 뿐입니다.

✎ 영재를 대하는 우리의 자세

지능이 뛰어난 고도영재를 발굴하고 교육하고자 할 때 우리가 꼭 명심해야 할 점이 있습니다. 그것은 바로 훌륭한 과학자나 전문가로 키우는 과정은 운동선수, 음악가 등을 키우는 과정과는 다르다는 점입니다. 운동선수나 음악가는 젊은 나이에 성취를 보이는 게 중요하지만 훌륭한 학자가 되려면 차분한 마음으로 먼 길을 가야 합니다. 지난 30년간 우리나라 최고의 수학 영재들이 어른이 되어 가는 모습을 곁에서 지켜보며 느낀 점은 훌륭한 학자가 되는 데 가장 중요한 시기는 오히려 20대 중후반이라는 것입니다. 대다수의 고도영재들에게는 당장의 실력 향상보다 정서적 안정과 사회성 향상이 더 중요합니다. 만일 진짜 머리가 좋다면 실력 향상의 기회는 언제든지 올 수 있지만 정서 발달은 때가 있기 때문입니다. 그리고 영재들의 실력 향상을 위해서도 새로운 지식의 습득보다는 충분한 시간과 사고를 통해 머릿속에서 지식을 숙성시키는 과정이 더 중요합니다.

10여 년 전 전국을 떠들썩하게 만들었던 영재 S군의 성장 과정 속에는 영재를 대하는 우리의 문제점들이 대거 등장합니다. S군을 둘러싸고 무슨 일이 있었던 걸까요?

첫째, 성급하고 과했습니다. S군의 부모는 아이가 똑똑하다는 것을 세상에 알리고 싶은 마음에 TV 뉴스에 출연합니다. 이후에 온갖 언론사에서 찾아와 아이를 취재했지요. 당시 겨우 7세였던 아이는 자신의 재능을 남들에게 보여 주기 위해 어려운 과학 지식을 외우고 마치 내용을 다 이해한 듯 말했습니다. 하지만 기초 수학·과학 지식이 부족한 아이가 전문 과학자들이 연구한 수준 높은 과학 지식의 의미를 이해하는 건 불가능한 일이었습니다. 대신 뛰어난 암기력을 이용해 영어로 된 전문 과학 서적 중 일부의 글과 수식을 통째로 다 외울 수는 있었죠. 이를 본 기자들은 아무래도 깊은 과학 지식이 없다 보니 신기하고 놀랍기 그지없었고, 너도나도 S군의 이야기를 기사화합니다. 아이와 부모는 이 일을 반복했고요.

영재가 타인에게 자신의 재능을 보여 주는 데 집착하게 되는 건 정서적 안정을 해치는 주요 요인입니다. 그런데 S군의 부모는 그가 대학에 진학한 후까지도 수년간 S군을 그런 상황에서 벗어날 수 없게 했습니다. 부모도 언론도 그리고 국민들 역시 무엇이 잘못되고 있는지 전혀 알지 못했던 것이지요.

그런 잘못은 정부도 저지릅니다. 당시 S군의 유명세에 자극받은 과학기술부는 소위 과학 신동 프로그램이라는 것을 계획합니다. 그래서 카이스트 과학영재교육원을 통해 국가적 신동 발굴 작업에 들어갑니다. 먼저 전국의 초등학교에 공문을 보내 2~3학년 학생들 중 고도영재라 생각되는 학생들을 추천받아 200여 명을 선정하고, 그들을 대상으로 면담과 시험 등을 통해 최종 5명을 선발했습니다. 그렇게 선발된 5명의 학생들을 한 학기 동안 주말마다 교육, 관찰해 최종 국가 신동 1명을 선발한다는 계획이었습니다. 이는 단발성이 아니라 매년 선발할 방침이었고요. 그 당시 저는 다른 두 교수와 함께 5명의 영재들을 한 학기 동안 가르치고, 그중 1명을 추천하는 일을 맡게 됐습니다. 그때도 저는 1명을 선발해 재정 지원을 하고 유명인으로 만들어서는 안 된다고 선정위원회에 강력히 주장했습니다. 한 아이에게 쏠리는 언론과 대중의 과도한 관심은 아이에게 독약이 될 수 있기 때문입니다.

둘째는 무리한 월반입니다. TV 출연으로 유명해진 S군은 어린 나이임에도 불구하고 자격 논란 끝에 초등학교를 조기 졸업하고 검정고시를 거쳐 대학교에 입학합니다. 대학교에서도 정상적으로 과목을 수강하는 것이 아니라 모든 과목에서 교수들과 일대일로 만나 교육을 받게 됐습니다. 이처럼 다른 아이들과는 분리돼 완전히 고립된 상태에서 교육을 받게 하는 건 매우 위험한 발상입니다. 아이의 정서적인 면은 전혀 고려하지 않은 채 고급 지식을 머릿속에 집어넣기만 하면 된다는 건 어른들의 잘못된 판단이었습니다. 아이는 극도의 외로움을 느꼈을 것입니다. 영재에게도 보통의 아이들처럼 친구와 동료가 필요합니다. 같이 놀기도 하고, 또 서로 자신의 능력을 자랑할 수 있는 동료들이 필요합니다. 이는 누구나 갖는 본능이자 권리입니다. 정서적인 면은 차치하고 학습적인 면에서도 고립 교육은 효율적이지 않습니다. 누구에게나 가장 중요한 학습 동기는 경쟁입니다. 동료 간 나이 차에 대해 우리나라보다 덜 민감한 미국에서도 월반은 신중하게 이루어져야 한다고 경고합니다. S군이 자라 10대 후반이 됐을 무렵, 자신보다 훨씬 어린 두 명의 영재에게 해 준 조언을 우리는 생각해 봐야 합니다.

"내가 열 살로 돌아간다면 또래 친구들과 그 나이가 아니면 하지 못할 것들을 마음껏 하며 더 잘 어울렸을 것입니다. (학습적인 면에서) 과학자의 길을 가기 위해서는 그 분야만이 아니라 철학, 역사와 같은 다양한 분야의 지식이 필요합니다."

셋째는 암기력을 영재성으로 혼동한 것입니다. S군을 대학에서 개인지도 했던 물리학 교수가 "그 아이는 삼각함수 공식은 다 외우고 있는데 그 공식이 무슨 의미인지 설명해 보라고 하니 왜 그런 질문을 하는지 이해하지 못하더군요. 다 외워서 쓸 수 있으면 된 것 아니냐는 반응을 보였습니다."라고 이야기한 적이 있습니다. 책의 내용을 똑같이 적을 수 있다고 해서 그 내용을 이해하는 걸까요? 물론 뛰어난 암기력은 영재들의 주요한 특징입니다. 하지만 암기력은 집중력과 호기심이 왕성할 때 빛을 발합니다. 그럼에도 어른들은 영재들의 뛰어난 암기력 때문에 그들의 능력을 과대평가하곤 합니다. 어려운 수학, 물리학, 생물학 등의 내용을 줄줄이 설명하는 8~9세의 영재들을 여럿 보았습니다. 그중 한 아이는 혼자서 입자물리학을 공부했다고 하는데 저를 만나기 전에 만났던 한 물리학 교수가 '이 아이는 이미 웬만한 입자물리학자보다 낫다'고 평가했다고 들었습니다. 하지만 제가 만나서 시간을 갖고 이야기를 나누어 본 바로는 그 아이가 놀랍도록 많은 지식을 이야기(대부분 입자물리학이나 양자역학에 대한 이야기)하지만 머리에 담고 있는 것은 피상적인 지식일 뿐 그 내용을 진정으로 이해하는 것은 아니라는 사실을 알 수 있었습니다.

넷째는 무리한 장래 계획입니다. 어른들은 뛰어난 영재를 보면 그 아이가 이다음에 최고의 능력자가 될 것이라는 확신을 갖기 쉽습니다. 그래서 그 아이의 (실은 부모의) 장래희망이 '초끈이론'을 연구하는 물리학자라고 하면 지금 당장이라도 그런 분야의 전문적인 지식을 가르처 주면 된다고 생각합니다. 하지만 아이의 영재성이나 학습 욕구가 영원히 지속되지 않을 수도 있고 영재의 능력에도 한계가 있는 법입니다. 그런 것을 다 떠나서도 훌륭한 학자가 되기 위해서는 차분하게 기초 지식을 쌓는 시간이 필요합니다. 영재성이 뛰어나면 남들보다 몇 년 정도 앞선 내용을 공부할 수는 있겠지만 선행학습도 과도하면 좋지 않습니다.

마지막 문제는 비전문가들의 무리한 개입이었습니다. S군의 부모는 물론이고 그를 특례 입학시키고 조기 졸업을 하게 한 초등학교 교장선생님과 그를 지도한다며 데려간 이 대학 저 대학의 여러 교수들은 모두 영재교육 분야에 있어서는 비전문가였습니다. 그렇다 보니 아이를 제대로 인도해 줄 사람이 없던 것입니다.

S군의 사례에서 살펴본 다섯 가지 문제가 발생하게 된 원인을 근본적으로 따져 보면 다음 두 가지 오해에서 비롯됐다고 볼 수 있습니다. 하나는 영재에게는 조속한 학업 성취가 가장 중요하다는 생각, 다른 하나는 영재의 학업 성취를 '도식적'으로 이룰 수 있다는 생각입니다. 특히 후자의 경우 영재교육뿐 아니라 일반교육에서도 흔히 볼 수 있는 오해로, 교육을 오로지 인풋-아웃풋(input-output)의 시각에서만 바라본 것입니다. 몇 살까지는 무엇을 가르치고, 몇 살에는 어느 영재교육기관에 넣으며, 어떤 분야를 좋아하니 어떤 분야의 전문가로 키운다 등의 도식적인 계획과 무리한 적용은 좋은 결과를 낳을 수 없습니다. 교육은 도식적으로 이루어질 수 있는 것이 아닙니다. 아이들은 제각기

다르고 또 그들은 커 가면서 변화를 거듭합니다.

영재에게 학업 성취보다는 정서 교육이 더 중요하다는 말을 하면 사람들은 대개 고개를 끄덕입니다. 하지만 학업 성취가 유난히 중시되는 우리 사회에서 그것이 현실적으로 반영되는 것은 쉽지 않습니다. 미국에서 오랫동안 영재를 지도하고, 《엄마도 모르는 영재의 사생활》,《영재 십대 생존 가이드(The Gifted Teen Survival Guide)》등의 책을 쓴 주디 갤브레이스Judy Galbraith는 "내가 영재들을 오랫동안 지도하면서 그들로부터 얻은 가장 큰 교훈은 행복하고 의미 있는 삶을 살기 위해서는 영재든 누구든 지성의 계발 못지않게 사회성과 정서의 계발에 힘을 쏟아야 한다는 것이다. 흔히 영재성은 그 사람의 지식이나 연구 결과물과 동일시되지만 그에 못지않게 중요한 것은 그가 어떤 사람이었는지에 대해 그가 남기는 기억이다."라고 말했습니다.

S군에게 일어난 일도 이제는 오래전 일이고 이 일이 큰 교훈이 되기도 해서 다시는 그런 일이 벌어질 것 같지는 않아 보입니다. 최근 영재를 발굴하는 TV 프로그램이나 유튜브 등을 통해 많은 영재들이 대중의 시선을 끌고 있습니다. 그러나 S군의 사례에서 보듯이 어린 영재가 지나치게 유명해지는 건 바람직하지 않습니다. 사회의 지나친 관심은 오히려 어린 영재를 고립시킵니다. 그리고 자신의 뛰어남을 계속 보여주어야 하기 때문에 학업에 대해 조급한 마음을 갖게 됩니다. 아무리 천재라도 기초부터 차근차근 배워 나가야 한다는 사실을 잊어서는 안 됩니다.

📎 빨리 가르치면 효과적인가

 TV와 유튜브를 통해 잘 알려진 영재 B군이 서울과학고를 자퇴한다는 소식이 큰 화제가 된 적이 있습니다. 10세에 국내 최고 영재들만 모인다는 서울과학고에 입학한 지 한 학기 만의 일이었습니다. 이 사건에 대한 언론과 대중의 반응은 대체로 서울과학고 학생들은 뛰어난 어린아이가 동급생이 되니까 시샘하여 못살게 군 나쁜 학생들이고, 그들은 사교육과 선행학습을 통해 만들어진 애들일 뿐 진짜 영재는 아니라는 것이었습니다. '길러진 영재와 타고난 영재'라는 제목의 어느 유튜브 영상에서는 "영재에는 이 두 가지가 있는데 B군은 후자에 속한다."라며 마치 타고난 영재만 진짜 영재이고, 교육을 통해 길러진 영재는 진정한 영재가 아니라는 듯이 말하고 있습니다.

 하지만 몇 가지 면에서 우리는 이 사건을 좀 더 냉정하게 바라볼 필요가 있습니다. 우선, 타고난 재능이 길러진 능력보다 더 귀한 것이라는 인식이 옳은 방향인가 되돌아 봐야 합니다. 그리고 또 하나는 서울과학고 학생들 중 상당수는 어릴 때 B군 못지않은 영재성을 보였다는 점입니다. 다만 대중에게 노출되지 않았을 뿐이지요. 이 사건은 우리에게 좋은 교훈을 주었습니다. 아무리 영재라 해도 몇 년씩 월반을 시켜 영재학교에 입학시키는 건 위험할 수 있다는 걸 모두에게 상기시켜준 것입니다. 어쨌든 이 사건의 가장 큰 피해자는 B군 본인입니다.

 사람들은 영재를 보면 대개 그 학생을 위해 '특별하고 효율적인 교육'의 기회를 제공해 주어야 한다고 생각합니다. 그리고 이 특별한 교육은 주로 속진(速進)교육과 월반으로 귀결되는 경우가 많습니다. 하지만 지식과 지능을 발전시키기 위해서는 차분하고 조심스럽게 그 아이의 능력, 학습 의지, 성격 등과 맞는 교육 환경을 조성해 주는 것이 중요합니다.

예전부터 제가 잘 아는 수학 천재 한 명의 예를 들어 보겠습니다. 그는 어려서부터 천재성이 빛났고 초등학교 5학년 때 이미 국내의 그 어떤 중학생보다 수학을 더 잘했습니다. 지금까지 제가 가르쳐 본 학생 중 천재성 측면에서는 최고 수준이었습니다. 중학교 1학년 즈음에는 고등학교 과정에서는 더 공부할 게 없었고, 심지어는 대학교 과정의 미적분학, 고급미적분학, 기초해석학 등을 상당한 수준으로 터득했습니다. 그러자 그의 부모님은 그에게 더 고급의 수학을 가르쳐야 한다는 생각에 한 명문대학교의 젊은 수학 강사에게 과외공부를 시켰습니다. 이 강사는 자기가 전공하는 고도의 수학을 그 학생에게 꽤 오랫동안 가르쳤습니다. 그런데 그 학생은 화려한 고등학교, 대학교 과정을 마치고 난 후에 갑자기 다른 일을 해 보고 싶다며 수학의 세계를 떠나 버렸습니다. 저에게도 부모에게도 그 이유를 말하지 않았지만 수학에 질린 것이 아닌가 싶습니다. 어릴 때부터 너무 앞만 보고 달려온 것이지요. 그는 지금 평범한 직장에서 회사원으로 일하고 있습니다. 부모는 자신들이 과거에 한 선택을 후회하고 있고요.

이와 유사한 예는 이전에도 있었습니다. 타고난 천재성 면에서는 앞의 학생과 대동소이 했는데 몇 년 월반해 대학교에 입학한 것이 좀 과했는지 (그도 앞의 학생과 마찬가지로) 대학을 졸업할 때까지 성적은 아주 좋았지만 학교에 다니는 내내 친구 관계도 어렵고 여자친구도 사귀기 힘들다고 털어놓으며 유난히 외로워했습니다. 점차 동료들과도 가족과도 멀어지더니 결국에는 박사과정 중에 학업을 포기하고 아무와도 연락을 하지 않고 지내는 사람이 되어 버렸습니다. 이 두 학생은 아직 젊기 때문에 언젠가 수학의 세계로 돌아와 훌륭한 수학자가 될지도 모른다는 기대를 갖고 있습니다.

대다수의 영재들은 학습 의욕이 아주 좋습니다만 학습에는 에너지가 많이 소비됩니다. 경우에 따라서는 과다한 경쟁이 수반되기도 하기 때문에 자신도 모르게 피로감이 누적될 수 있습니다. 학습에 의해 쌓인 피로감과 중압감은 금방 발현되지 않는 경우가 많습니다. 몇 년 동안 잠재해 있다가 나타날 수 있지요. 심지어는 앞의 예처럼 성인이 되어서 나타나는 경우도 있습니다. 어른들의 눈에는 뛰어난 영재는 어떤 학습이든지 다 소화할 수 있을 것 같아 보이기 때문에 그들만을 위한 특별하고 효율적인 교육 환경을 제공해 주는 데에만 주력하기 쉽습니다. 하지만 교육의 효율이나 속도만 좇다가는 뜻밖의 부작용을 낳을 수 있습니다.

📎 창의성 교육만이 최선은 아니다

우리나라의 초·중·고교의 수학·과학 교과과정을 연구하고 수립하는 곳은 한국과학창의재단입니다. 이 기관은 우리나라의 수학·과학 영재교육에 관한 연구와 지원도 맡고 있습니다. 제가 오랫동안 일해 온 수학올림피아드도 이 기관에서 지원합니다. 전에 어떤 정권에서는 과학기술부, 정보통신부 등을 합친 거대한 행정기관의 이름을 미래창조과학부라고 지었습니다. 그리고 일부 광역시의 교육청 산하의 교육원 이름은 창의융합교육원이지요. 우리나라 사람들은 '창의', '창조'와 같은 단어를 참 좋아하는 것 같습니다.

창의력이란 새로운 생각이나 개념을 발견하거나 기존의 개념이나 지식을 바탕으로 새로운 것을 생각해 내는 능력이라 할 수 있습니다. 창의적 사고력과 창조력은 경제나 과학기술, 그리고 예술과 문화에서는 핵심적 요소입니다. 우수한 인간이냐 아니냐를 결정하는 중요한 덕목이기도 합니다. 예전의 우리 교육은 지식 습득과 문제 풀이에만 지나치게 집중했습니다. "그냥 외워!" 하시던 선생님들의 목소리가 지금도 귀에 쟁쟁합니다. 소위 '주입식 교육'이 주를 이루던 시절이 있었습니다. 하지만 이제는 학급당 학생 수도 많이 줄고 요즘 학교 선생님들은 전과는 비교할 수 없을 만큼 많이 진보했습니다. 다만 '과열된 입시 경쟁'이라는 환경에서는 창의성 교육이 자리 잡기가 쉽지 않은 실정입니다.

그런데 영재교육에서는 어떨까요? 예전에 지나친 일방적 주입식 교육에 문제가 있었던 것은 사실이지만 그 생각에 매몰된 나머지 창의성 교육을 위해 암기나 반복 연습은 배척하는 경우를 종종 보았습니다. 기초 실력을 다져야 할 시기의 아이들에게 창의적 사고력이 중요하니 과제 수행, 토론 수업 등을 위주로 교육해야 한다고 주장하는 교육전문가들도 있습니다. 그러나 영재교육에서도 한쪽에 치우치지 않는 균형 잡힌 교육이 필요합니다. 제가 그동안 느낀 바로는 일반교육이라면 몰라도 영재교육에서는 오히려 창의성을 지나치게 강조할 필요가 없습니다.

우리는 창의력의 실체가 무엇인지, 그리고 그것을 어떻게 길러야 하는지 잘 모릅니다. 실체도 모르고 어떻게 실현해야 하는지도 모르는 창의력을 강조하다 보면 교육이 왜곡되기 쉽습니다. 과학 영재들을 교육할 때 가장 우선시되어야 하는 것은 수학·과학에 있어서의 탄탄한 기초 실력을 다지는 것이지 창의력 증진은 그다음이라고 생각합니다. 어차피 지적 재능이 뛰어난 아이들은 창의적 사고력이 풍부한 경우가 대부분입니다.

얼마 전에 한 권위 있는 기관에서 주관하는 영재교육 포럼에 토론자로 참여한 적이 있습니다. 그 자리에서 한 발표자가 다음과 같은 이야기를 했습니다.

서울대학교 자연과학대학에서 성적이 가장 우수한 재학생들을 대상으로 설문조사를 했는데 "자신의 생각이 교수님의 생각과 다를 때 어떻게 하는가?"라는 질문에 대해 단 두 명을 제외하고는 모든 학생들이 "교수의 생각에 따른다."라고 답했습니다. 이것은 우리 학생들이 창의적인 사고를 하지 않고 수동적으로 사고하고 있다는 것을 보여 주는 좋은 예입니다.

그는 학생들이 그렇게 하는 이유를 '자신의 견해를 피력하는 것보다는 학점이 우선이라고 여기기 때문'이라고 분석하고 있습니다. 우리나라 최고 수준의 학생들조차 '비판적'으로 사고하지 않는 현실을 지적하고자 한 것입니다. 비판적·창의적 사고는 당연히 중요합니다. 남들과 생각을 부딪쳐 가며 자신의 생각을 다듬는 것은 매우 중요한 경험이라고 생각합니다.

하지만 이 대목에서 방점은 '자연과학대학'에 찍혀 있습니다. 인문학, 사회과학 분야 등과 달리 자연과학에서는 학부 수준에서 배우는 내용에 대해 교수와 학생의 생각이 다르다면 학생이 틀렸을 가능성이 높습니다. 물론 채점이 잘못됐다거나 교수가 실수로 말을 잘못했거나 사소한 것을 순간 착각했을 수도 있습니다. 하지만 그런 경우 학생들이 금방 압니다.

과제나 실험에서 학생이 더 좋은 생각을 했는데도 자신의 의견을 말하기 어려워하는 분위기라면 그건 분명 문제입니다. 하지만 수학·과학 영재교육에서만큼은 창의적·비판적 사고를 지나치게 강조하는 것을 경계해야 한다고 생각합니다. 그보다는 다양한 기초 지식을 쌓고 수학적·과학적 사고력을 다지는 데 더 중점을 두어야 합니다. 학생들이 배우는 지식이 전문적인 수학자·과학자의 지식에 비해 얼마나 미약한지, 과학에서는 기초 지식의 습득이 얼마나 어렵고 중요한 것인지에 대한 이해가 부족해 창의적 사고를 강조하는 경우도 많습니다.

그런 분들 중에 "수학·과학 올림피아드는 창의적 사고력과는 무관하고 훈련에 의해 만들어지는 것이다."라고 말하는 분들이 있습니다. 한 영재교육포럼에서 "올림피아드는 암기력 테스트 아니냐."라는 발언을 들은 적이 있습니다. 그런 오해는 수학올림피아드에는 어떤 형태의 문제가 나오는지, 그런 문제들을 풀기 위해서는 얼마나 높은 수준의 창의적 사고력이 필요한지, 수학올림피아드 대표 학생들의 영재성이 얼마나 뛰어난 것인지 등에 대한 이해 부족으로부터 온 것이라고 생각합니다.

과학자들이 어떤 일을 하고 있는지, 그들이 연구하는 내용은 무엇인지에 대해 잘 알지 못하는 교육학자들은 과학 영재교육에 대해 "수용적 사고력보다 비판적이고 창의적인 사고력을 기르도록 교육해야 한다", "문제해결력보다는 문제발견력을 높여야 한다", "국제과학(수학) 올림피아드에서는 1등을 하지만 노벨과학상 수상자가 없는 것도 우리의 주입식 교육의 결과다"와 같은 주장을 쏟아내고 있습니다.

수학·과학 교육에 있어서 창의성 중심 교육을 크게 강조하지 않는 이유는 두 가지입니다. 첫째는 수학·과학 영재들은 인위적으로 가르치는 창의성 같은 모호함과 자기모순성을 좋아하지 않기 때문입니다. 모호하다는 건 창의적 사고력이라는 개념 자체가 정의하기 어렵다는 뜻이고, 자기모순성이란 창의적 사고력을 기르는 '틀'을 만드는 것이 '창의적'이라는 개념과 배치된다는 뜻입니다. 그리고 둘째는 탄탄한 과학적 기초 지식을 갖추도록 하는 것이 반짝이는 아이디어를 기르는 것보다 더 우선되어야 한다고 믿기 때문입니다.

노벨과학상 수상자가 나오지 못한 것이 창의적 사고력 부족으로 인해 독창적인 과학적 발견을 하지 못했기 때문이라고 여기는 사람들이 많지만 그보다는 실력이 부족했기 때문이라고 보는 편이 맞을 것입니다. 노벨상을 받기 위해서는 어느 정도의 운도 따라야 하고 무엇보다 중요한 건 그만 한 업적을 낼 실력을 갖추는 것입니다.

창의적이고 비판적인 사고도 물론 필요합니다. 하지만 그것만 너무 중시하다 보면 지식을 숙지하고, 강의 내용을 적고, 반복해서 연습하는 것들은 중요하지 않다고 여기기 쉽습니다. 암기와 반복은 창의성 교육에 있어 필수불가결합니다. 천재적인 축구 선수도 어릴 때부터 수없이 많은 연습, 꾸준한 기초 체력 강화 등을 했기 때문에 그렇게 창조적인 플레이를 할 수 있는 것입니다.

🖋 지나치면 모자란 것만 못하다

교육은 긴 호흡을 갖고 가야 합니다. 선생님이나 부모는 물론이고 정책 관계자들 모두에게 필요한 이야기입니다. 교육에 관심이 많은 우리 사회에서는 언론의 역할도 큽니다. 언론도 부디 차분한 태도로 아이들을 관찰해 주면 좋겠습니다.

아이의 최종 목표는 좋은 학교에 진학시키는 것이 아닙니다. 진정한 실력자, 능력자, 학자가 되도록 하는 것이지요. 과학영재학교에 입학했다고 끝난 것도 아니고, 최고의 명문대학교에 들어갔다고 끝난 것도 아닙니다. 누구는 한국수학올림피아드 금상을 받았는데 우리 아이는 동상밖에 못 받았다고 실망할 일이 아니고, 원하던 최고 대학교의 원하는 학과에 들어가지 못했다고 속상해할 필요도 없습니다. 성취에 일희일비하지 말아야 합니다. 하지만 영재를 가까이에서 지도하면서 긴 호흡을 갖고 간다는 게 쉬운 일은 아닙니다. 특별한 이해와 노력이 필요합니다.

영재에게도 너무 과도한 선행학습은 독이 될 수 있습니다. 특히 교육 공화국인 우리나라에서는 교육의 과잉을 가장 경계해야 합니다. 대다수의 영재들에게, 특히 고도영재일수록 지식의 습득보다는 정서적 안정과 사회성이 더 중요하다는 것을 명심해야 합니다. 영재도 사춘기를 겪을 것이고, 이성 문제, 친구 관계, 군대 문제 등으로 고민하는 때가 옵니다. 특별한 재능을 가졌다고 해서 모든 걸 건너뛰고 어른이 되는 건 아닙니다.

이때 영재에게 필요한 것이 '좋은 선생님'을 만나는 일입니다. 여기서 좋은 선생님이란 공부를 가르치는 사람을 말하는 것이 아닙니다.

학습, 일상, 장래 등에 대해 상담과 조언을 해 줄 수 있는 사람이 있어야 합니다. 영재교육에서도 한쪽으로 치우치지 않는 균형 잡힌 시각이 필요합니다. 영재들에 대해 지나치게 편향적인 주장을 하는 사람들은 다음과 같은 이야기를 아무렇지 않게 합니다.

"영재학교 입학생들은 다 사교육을 통해서 만들어진 애들이다."
"영재들에게 시험은 영재성을 해칠 뿐이다. 필기시험을 없애고 창의성을 키우는 토론, 과제, 자기주도학습 등의 교육만 시켜야 한다."
"대학 입시를 위한 공부는 영재성 계발에 방해가 될 뿐이다."
"고도영재들은 대개 이기적이고 건방지다."
"고도영재인데 사회성이 왜 필요한가? 노암 엘키스 같은 수학자는 친구도 한 명도 없고 평소에 대화를 나누는 사람도 없이 외톨이로 지낸다."

앞에서 언급한 노암 엘키스Noam Elkies는 사회성 교육의 필요성 측면에서 그리 좋은 예는 아닌 듯합니다. 그는 만 15세에 국제수학올림피아드 미국 대표로 출전해 역대 최연소로 42점 만점을 받은 사람입니다. 그는 그해에 컬럼비아대학교에 입학했고, 16세에 역대 최연소 나이로 대학생을 대상으로 한 북미 최대 수학경시대회 '윌리엄 로웰 퍼트넘'에서 상위 다섯 명에게만 수여하는 퍼트넘 펠로우가 됐습니다. 그리고 그 후 두 번 더 펠로우가 됐지요. 대학 졸업 후에는 하버드대학교 박사과정에 들어가서 2년 만에 박사학위를 받았는데 그때 그의 박사학위 지도교수 두 명 중 한 명인 베리 마주르Barry Mazur는 20여 년 전 우리나라 최고의 영재였던 H군의 박사과정 지도교수이기도 합니다. 엘키스는 26세에 하버드대학교 역사상 최연소 정교수가 됐고, 외톨이로 알려져 있긴 하지만 여러 대학의 교수들과 공동연구도 무탈하게 수행해 왔습니다. 그가 훌륭한 수학자라는 건 틀림없지만 어려서 보여준 재능에 비하면 큰 업적을 남기지 못한 게 사실입니다. 만약 그가 좀 더 사회성이 좋은 사람이었다면 더 큰 업적을 남기지 않았을까 하는 아쉬움이 남습니다. 어떤 이슈에나 예외는 있는 법이기에 엘키스와 같은 국한된 예에 너무 집착하지 않아도 됩니다.

영재교육에서 절대적으로 옳은 방향이란 있을 수 없습니다. 아이들마다 특성이 다르고 환경이 다르기 때문입니다. 하지만 대다수의 영재들에게 해당될 수 있는 몇 가지 기본적인 원칙은 있습니다. 물론 이런 원칙들도 만능의 법칙은 아닙니다.

① 창의성 교육만 중시한 나머지 암기, 반복, 문제풀이 등을 소홀히 하는 것은 좋지 않다.

② 아무리 뛰어난 영재라도 기초 지식을 머릿속에서 숙성시킬 시간이 필요하다(따라서 지나친 속진 교육은 좋지 않다).

③ 가능하면 다양한 소양을 갖추도록 한다.

④ 친구와 동료가 필요하다.

⑤ 너무 유명해지는 것은 독이 될 수 있다.

⑥ 아무것도 하지 않고 멍하니 지내는 시간이 필요하다.

지식인들 중에도 현재 우리나라의 영재교육 환경을 실상과 정반대로 인식하고 있는 사람들이 많습니다. 한 지식인이 SNS에 다음과 같은 취지의 글을 올렸습니다. '대한민국은 평범하고 정상적인 사람이 되라는 압박이 너무 큰 사회다. 영재가 일반적인 사람들과 좀 다르게 살더라도 그것을 허용해 주는 분위기가 필요하고, 국가도 그런 영재들을 보호해 주어야 한다.' 일견 맞는 말처럼 보일지 모르지만 아마 자신의 어린 시절 사회 분위기를 떠올리며 한 이야기가 아닐까 싶습니다. 지금 우리나라에 영재에게 평범하고 정상적인 사람이 되라고 압박하는 분위기가 있다고 보기는 어렵습니다. 오히려 미국은 정상적인 사람이 되는 것이 우선이라는 분위기가 꽤 강하지요. 어쨌든 영재교육에 있어 유념해야 할 점은 과유불급입니다. 지나친 것은 모자란 것만 못합니다. 이에 더해 또 한 가지 중요한 게 있다면 그것은 한쪽으로 너무 치우치지 않는 것입니다.

PART

2

영재는
만들어진다

아이의 재능은 부모 하기 나름

아이의 타고난 재능이 큰 성취로 이어지는 건 의외로 어렵습니다. 재능을 어떻게 이끌어 주는지는 부모에 달려 있습니다. 아이의 특별한 재능을 발견했을 때 부모는 그것이 아이가 가진 최고의 가치라는 생각을 하게 되기 쉽고 때로는 그 재능을 주변 사람들에게 자랑하고 싶어지지요. 그런 마음을 억제하기란 생각보다 쉽지 않습니다. 간혹 여기서 더 나아가는 부모도 있습니다. 우리 아이는 영재니까 뭐든 남보다 더 잘해야 하고, 새로운 것을 배우고 익히는 데만 집중해야 하며, 보다 창의적인 과제를 수행해야 한다고 생각하는 것입니다. 부모의 이런 심리를 미국에서는 '프리마돈나 신드롬(Prima Donna Syndrome)'이라고 부릅니다. 아이 학교에서 소위 치맛바람 좀 날린 부모가 여기에 해당하지요. 아이가 원래 영재라 부모가 자연스레 그렇게 된 경우가 있는가 하면 적극적인 부모 덕에 아이가 공부를 잘하는 것일 수도 있습니다.

✐ 절제하는 부모

우리나라는 성적지상주의 문화 때문에 공부 잘하는 아이의 부모가 사회적으로 대우를 받는 경우가 많습니다. 아이의 성적에 따라 부모의 계급이 형성되기도 하고, 성적이 좋은 아이의 부모와 친해지기 위해 애쓰는 부모들도 많지요. 자기 아이가 이왕이면 공부 잘하는 친구를 사귀면 좋겠다는 생각도 있지만 공부 잘하는 아이의 부모로부터 좋은 정보를 얻을 수 있다는 생각 때문이기도 할 것입니다.

예전에 역대급 영재를 키워 낸 한 어머니가 아이가 대학에 입학한 뒤 '성공적인 영재 키우기'를 주제로 한 책을 출간한 적이 있습니다. 똑똑한 아이를 키우는 데 도움이 되는 내용이 아주 많았고 자랑을 하는 듯한 뉘앙스가 담긴 부분도 거의 없었지만 아들은 자기 어머니가 그런 책을 낸 것이 몹시 부끄러워서 여러 해 동안 크게 원망을 했습니다. 실제로 정말 공부를 잘하는 아이들 중에는 이렇게 자신을 드러내는 걸 부끄럽게 여기고, 극도로 싫어하는 경우가 많습니다. 나서지 않고 묵묵히 지내는 걸 좋아하는 성격이 똑똑한 머리와 만나면 공부를 더 잘하게 되는 시너지를 일으키기 때문일지도 모르겠습니다.

미국에는 '타이거 엄마(Tiger Mom)'라는 말이 있습니다. 여기서 타이거는 중국, 대한민국 등 동아시아 국가를 의미합니다. 즉, 타이거 엄마란 동아시아 국가 출신으로 자식들의 학업, 음악, 운동 등에 관한 교육을 위해 헌신하는 엄마를 일컫는 말입니다. 타이거 엄마들의 노력이 있어 미국의 아시아계 학생들은 대체로 성적이 좋은 편이고, 이는 미국 엄마들에게도 자극이 되고 있습니다. 국제수학올림피아드의 미국 대표 학생 6명 중 대다수가 중국계 학생들입니다. 미국뿐 아니라 캐나다, 호주, 뉴질랜드 대표 학생들도 중국계(간혹 한국계) 학생들이 많습니다.

우리에게 익숙한 '헬리콥터 엄마(Helicopter Mom)'라는 말도 있지요. 헬리콥터처럼 아이 주변에 머물며 자식의 일거수일투족을 감시하고 간섭하는 엄마를 말합니다. 대한민국에만 있을 것 같지만 미국도 오래전부터 헬리콥터 엄마가 사회적으로 중요한 이슈였습니다. 아이가 대학교에 입학한 후에도 교수를 찾아가 이것저것 요구하고 심지어 대학원 과정에서도 그런 부모들이 있습니다. 2018년 루마니아에서 열린 국제수학올림피아드에는 미국팀 학생의 어머니들이 모두 개최지까지 따라오기도 했습니다. 대회가 끝나고 숙소에서 짐을 뺄 때 학생들은 보이지 않고 어머니들이 짐을 나르더군요. 2019년 영국에서 열린 대회에서는 미국 어머니들이 폐회식 후 열린 저녁 연회에까지 참석하려 했습니다. 규정에 다소 엄격한 영국에서는 대회 주관자들이 이런 어머니들의 행동을 규탄하기도 했지요. 그래서 다음 대회부터는 부모가 참석하지 못하게 하는 규정을 만들자고 제안했고 실제 그런 규정이 만들어졌습니다.

아이의 교육을 위해 세 번 이사한 '맹모삼천지교(孟母三遷之敎)'라는 고사성어의 교훈과 달리 어머니의 사랑과 책임이 능사는 아닙니다.

아이에 대한 무한한 사랑의 표현이자 아이를 위한 일이니 뭐든 정당하다고 느끼기 쉽겠지만 아이를 사랑하지 않는 부모가 어디 있을까요? 무한한 사랑이 면죄부가 될 수 있다고 생각하는 부모는 과잉 행동을 합니다. 아이의 학습과 평소 생활을 과잉 통제하려 하거나 학교 선생님에게 수시로 연락해 괴롭힌다거나 하는 식이죠. 학교 선생님에게 자기 아이는 '왕의 DNA'를 갖고 있으니 특별대우 해 주어야 한다는 메일을 보내 유명해진 부모도 분명 자식을 사랑해서 한 행동은 무죄라는 잘못된 인식을 갖고 있을 것입니다.

예전에 만난 한 수학 영재의 경우에도 아이는 정말 착했는데 부모가 과잉 부모였습니다. 서울대학교 법대가 최고라는 인식이 있었을 때라 아이의 부모는 아이가 중학교에 입학할 즈음부터 서울대학교 법대에 갈 것을 종용했습니다. 아이는 원래 수학을 좋아해서 수학자가 되고 싶었지만 부모의 성화에 과학고 대신 일반고에 진학할 수밖에 없었습니다. 아이가 고등학교를 졸업할 무렵, 아이는 법대가 아닌 의대 진학을 희망했고 부모도 여기에는 동의했습니다. 의예과에 입학한 아이는 유기화학 과목에서 F를 받자마자 군대를 가 버렸고 제대 후에는 수학과로 전과했습니다. 아이는 지금 세계적인 수학자가 되었지만 여전히 부모와 사이가 좋지 않습니다.

비슷한 시기에 이와 유사한 상황에 있던 아이가 또 있습니다. 이 아이는 앞의 아이와 달리 부모의 권유에 따라 서울대학교 법대로 진학했습니다. 군대까지 미뤄 가며 매년 사법시험을 보았지만 실패했고 그러던 중 저와 우연히 만난 일이 있었습니다. 서로 무척 반가워했지만 자세히 보니 아이는 장발에 행색도 초라해졌고, 반짝이던 눈빛도 사라진 듯했습니다. 다행히 아이는 20대 후반에 사법시험에 합격했고 지금은 지방에서 조용히 법조인으로 살고 있습니다.

✎ 침착한 부모

수학올림피아드 최상위권 학생들의 어머니들을 보면 공통적인 특징이 있습니다. 대개 아주 침착하다는 점입니다. 원래 성격이 그런 것인지 자식 교육에 관해서만 의식적으로 그런지는 모르지만 어쨌든 그런 침착한 태도는 똑똑한 아이를 키우는 부모의 가장 중요한 덕목입니다. 부모가 침착해야 아이들도 침착해지는 법이니까요.

똑똑한 아이일수록 자신의 가치는 머리 좋은 것으로만 평가된다는 고정관념에 빠질 수 있습니다. 그래서 어떤 능력을 보여 주거나 자기에게 무언가를 가르쳐 줄 수 있는 상대와 함께하는 게 아니라면 시간 낭비라고 느끼기 쉽습니다. 이런 아이에게 꼭 필요한 게 바로 부모의 침착함입니다. 당장의 성취보다는 아이의 심리를 살피며 여유를 갖고 나아가야 합니다.

영재라고 해서 모두 공부를 잘하는 것도 아니고 영재의 부모라고 해서 모두 우쭐하는 것도 아닙니다. 오히려 어린 영재(대개 10세 이하)의 부모는 아이의 재능 때문에 마음고생을 많이 합니다. 우선 부모 스스로가 아이의 학업 성취에 마음이 급해집니다. 그래서 아이의 놀라운 영재성에 어울리는 교육을 시켜야 한다고 생각하지요. 영재성을 잘 살려야 하는데 혹시 내가 부족해서 아이의 학업 성취가 떨어지면 큰 죄를 짓는 것이라고 생각합니다. 하지만 우리나라의 과열된 교육 환경에서는 아이에게 좋은 학습 환경을 조성해 주는 것보다 아이가 과잉 학습이나 과잉 경쟁에 내몰리지 않게 하는 것이 더 중요합니다. 진정한 실력자이면서도 현명하고 행복한 어른이 되는 길은 멀고도 험합니다. 지금 1~2년 더 빨리 배운다고 크게 달라지는 건 없습니다.

이렇게 불안해하는 부모님들께 저는 두 가지 이야기를 해 드립니다. 첫째, 뭐든 반템포 늦추세요. 말할 때, 행동할 때, 판단할 때, 결정할 때 반템포를 늦춰 보자는 것입니다. 이건 사실 40년 전 저의 아버지께서 저에게 해 준 말입니다. 그 이후 늘 가슴에 새기며 살고 있지만 실행에 옮기는 게 쉽지는 않습니다. 종종 마음이 급해지고, 눈앞의 조그마한 이익에 집착하게 되지요. 둘째, 인생은 조금 손해 보는 것이 본전이라고 생각해야 합니다. 사람들은 대개 손해를 보지 않으려다가 마음이 조급해집니다. 그러다 손해를 조금이라도 보면 스트레스를 받지요. 저도 그럴 때가 있었습니다. 이젠 웬만한 손해에는 스트레스를 받지 않습니다. 살면서 조그만 손해는 늘 발생하는 법이라는 것을 받아들이고 나니 행복지수가 상승했습니다.

아이 키울 때도 그렇습니다. 아이에게 '완벽하게' 해 주려는 마음은 손해 보지 않으려는 마음과 같습니다. 그런 마음을 가지면 아이의 학업이나 친구 관계, 과외 활동 등에서 뭔가 미흡한 점이 생길 때 초조해지고 불행해집니다.

아이에게 매달 수백 만 원씩 들여 사교육을 시키는 강남의 학부모들이 하는 전형적인 이야기가 있습니다. "다른 애들이 다 하니까 저희도 할 수 없이 시키는 거예요", "우리 애는 그냥 평균 정도 시키는 거예요" 입니다. 절대 손해 볼 수는 없다는 생각만 하다 보면 자기 아이에게 어떻게 하는 게 좋은지 차분하게 생각할 마음의 여유가 없어지게 됩니다.

✐ 신뢰할 수 있는 부모

지기 싫어하는 성격을 가진 아이들이 공부도 잘합니다. 끈기는 원래 승부욕으로부터 나오니까요. 내 아이를 공부 잘하는 아이로 만들고 싶다면 승부욕을 자극하는 환경을 조성해 주는 게 필요합니다. 어릴 때는 남들과 직접적으로 승부하는 환경을 만들어 줄 수 없습니다. 불특정한 다수의 아이들보다 뭔가 더 잘했을 때 그것을 부모와 주변 사람들이 칭찬하고, 격려하고, 믿어 주는 것만으로도 충분합니다.

아이들은 부모의 사랑과 칭찬을 갈구합니다. 본능적으로 부모에게 인정받는 것을 원하지요. 그리고 부모와의 깊은 유대감을 통해 자기 능력을 키워 나가게 되어 있습니다. 이때 다음 세 가지를 유념하면 도움이 될 것입니다.

첫째, 칭찬을 잘해 준다.

둘째, 신뢰할 수 있는 부모가 된다.

셋째, 성공이 아니라 시도하는 것을 격려하고 지원한다.

칭찬을 아끼지 않는 것도 중요하지만 칭찬을 시의적절하게 잘해 주는 건 더욱 중요합니다. 그리고 그에 못지않게 중요한 건 아이가 부모로부터 칭찬받고 싶다는 마음을 갖도록 하는 것입니다. 그러기 위해서는 아이가 신뢰할 수 있는 부모가 되어야 합니다. 이것은 무한 사랑하기, 아이가 원하는 것 다 들어주기, 아이에게 부족함 없이 해 주기 등만으로는 되지 않습니다. 부모의 올바른 말, 행동, 정신이 필요하고 약간의 권위와 훈육이 수반되어야 합니다.

부모가 아이에게 성공만을 바란다고 느끼게 해서는 안 됩니다. 누구나 살면서 한번쯤 실패를 경험하고 크게 좌절할 수 있습니다. 부모는 성공이 아니라 그 과정을 중시하고 지원해야 합니다. 부모가 그런 마음을 갖고 있다는 걸 보여 주는 것만으로도 아이에게 큰 힘이 됩니다.

성공이냐 실패냐를 떠나 자식이 갑자기 아무 이유 없이 방황하는 날이 올 수도 있습니다. 그때도 상호간 신뢰는 매우 중요합니다. 저는 고등학교 1학년 가을에 학교를 자퇴했었습니다. 사실 사춘기가 시작된 중학교 3학년 초부터 학교에 가기가 싫어져서 어쩌다 보니 반에서 결석을 가장 많이 하는 학생이 되어 있었죠. 머리는 좋았는지 학교 성적은 최상위권이었지만 이른 아침부터 하루 종일 답답한 교실에 앉아 수업을 받는 일이 10대인 제게 비인간적이고 비교육적이라는 생각이 들었습니다. 그래서 용기를 내 부모님께 자퇴하겠다고 말씀드렸죠. 부모님께서는 별말씀 없이 허락해 주셨고 자퇴 후에 집에서 놀고 있는 아들에게도 전처럼 잘 대해 주셨습니다. 결국 노는 데도 지쳐서 2학년 초부터 다시 학교를 다니기 시작했지만 만일 그때 부모님이 처음부터 자퇴를 반대했다면 저는 완전히 망가졌을지도 모릅니다. 필즈메달을 받은 허준이 교수도 자퇴를 했다지만 저와는 경우가 좀 다릅니다. 저는 자퇴 시기도 이른 편이었고, 동네 친구들과 몰려다니며 노는 것을 너무나 좋아하는, 성실함과는 거리가 먼 학생이었어요. 부모님이 저를 믿고 기다려 주신 덕분에 결국 제자리로 돌아올 수 있었습니다. 그리고 고등학교 3학년 말쯤 성적에 물이 올랐고 최고 수준의 성적으로 서울대학교에 입학했습니다. 저의 어머니 역시 자녀 교육에 아주 열성적인 분이셨습니다. 사교육은 물론 자식들의 일거수일투족에도 관심을 기울여 주시는 분이었지요. 그럼에도 불구하고 제가 방황하는 시기에 저를 믿고 기다려 주셨으니 감사할 따름입니다.

🖊 균형감 있는 부모

결국 현명한 부모가 자녀 교육에 성공합니다. 자녀가 어릴 때일수록 부모는 교육의 모든 걸 판단하고 결정합니다. 방법과 환경에 대한 직접적인 결정이 교육의 전부는 아닙니다. 아이는 부모와의 깊은 교감을 통해 자랍니다. 아이는 자라면서 알게 모르게 부모의 모든 것을 배웁니다. 어른들이 구체적으로 알려 주는 지식 외에도 민감한 안테나를 사용해 세상의 문화와 사는 법을 습득하지요. 당연히 부모의 현명함도 자연스레 배우게 됩니다.

우리나라 부모들은 아이의 사교육 문제로 많은 고민을 합니다. 물론 사교육은 필요 없다고 믿는 사람들도 있고, 실제로 제 주변엔 그렇게 해서 자식을 명문대에 입학시킨 교수도 있습니다. 하지만 대부분은 언제부터 어떻게 사교육을 시킬지에 대해 고민합니다. 빈부차, 지역차에 따른 불공정 문제와 공교육을 위협하는 선행학습 문제 때문에 사교육을 바라보는 안 좋은 시선이 있지만 적정선을 지키면 좋은 점도 있습니다. 경험에 비춰 볼 때 특별한 재능이 보이는 아이를 영재학교에 입학시키고자 한다면 사교육을 시키지 않을 수 없을 것입니다. 그렇다고 모든 영재를 꼭 영재학교에 보내야 한다는 건 아닙니다. 우리나라 전체 학생 중 사교육을 받는 학생의 비율은 50퍼센트를 훌쩍 뛰어넘습니다. 그리고 영재학교에 입학하는 학생은 전체 학생 중 0.2퍼센트 이내이지요. 따라서 영재학교 입학이 사교육의 영향이라고만 말하기는 어렵습니다.

영어 공부를 예로 들어 보겠습니다. 부모는 아이에게 어떻게 영어 공부를 시키면 좋을지 생각하면서 영어 유치원에 보낼까 말까 고민합니다. 이때 부모의 철학이나 경제력, 아이의 특성 등 기본 요소 외에도 가까이에 괜찮은 영어 유치원이 있는지 여부를 따져 결정하게 될 것입니다. 이에 더해 생각해야 할 것이 있습니다. 하나는 모국어 외의 다른 언어를 배우는 건 아이들의 지능 계발에 도움이 됩니다. 이는 지난 수천 년간 유럽에서 이어져 온 영재교육의 전통입니다. 하지만 한편으로 아이가 어린 나이에 영어를 금세 수준급으로 익히고 나면 부모는 아이가 자라면서 그것을 잊어버릴까 걱정돼 초등학교 내내 영어 교육을 시켜야 한다는 부담을 가질 수 있습니다. 그럼 결국 영어 외 다른 모든 과목의 공부에 지장을 줄 수도 있게 되지요. 또한 아이가 문화적 차이 때문에 정신적으로 혼란스러울 수도 있습니다. 따라서 균형을 맞춰야 합니다.

제가 요즘 가끔 만나 지도하고 있는 영재 G군은 10세인 지금까지 외국에 한 번도 나가 본 적이 없습니다. 그런데도 미국의 보통 아이들보다 영어를 훨씬 더 잘 구사합니다. 어렵고 두꺼운 과학 책들도 쉽게 읽고 이해하고요. G군은 5~6세 때부터 유튜브와 책을 통해 스스로 영어를 터득했다고 하는데 대단하긴 하지만 그로 인해 문제도 좀 있습니다. G군은 그동안 수학과 물리를 모두 영어로 공부해 와서 한국어로 공부하는 것을 불편해합니다. 영어를 훨씬 더 편하게 생각해 저와 만나 수학과 물리 등에 대해 대화할 때는 영어만 사용합니다. 그러나 이제는 두 가지 언어를 병행하기엔 어려운 나이가 되었습니다. 국내에서 수학경시대회 준비를 하거나 사교육을 받으려면 아무래도 한국어에 더 익숙해져야 하기 때문입니다. 그래서 저는 G군의 부모님께 당장은 영어를 조금 잊어버리는 게 아깝더라도 한국어를 주 언어로 선택하는 것이 좋겠다고 말씀드렸습니다.

　G군은 이미 입자물리학, 생물학, 지리학, 수학 등에 대해 많은 지식을 갖고 있고 어려서부터 독서량도 어마어마한 초고도영재입니다. 5~6세 때는 1년에 1만 5,000권이 넘는 책을 읽었다고 합니다. 과흥분성도 없고 예의도 바르고 부모 말도 잘 듣는 편이지만 학교생활에는 잘 적응하지 못하고 힘들어했습니다. 다른 학생들과 수준 차가 너무 많이 나고 수업 내용도 시시한 데다가 G군이 자꾸 이해가 안 되는 말을 하며 잘난 척을 하니 친구들 또한 G군을 좋아하지 않았습니다. 수업 시간에 이상한 질문이나 행동을 하는 경우도 있었다고 합니다. 그래도 1년 휴학 후 4학년이 되어서는 행동도 차분해지고 배려심도 좋아져 친구들과의 관계도 개선되고 있습니다. 고도영재들에게는 6~10세가 대인관계에 가장 어려움을 겪는 시기로 알려져 있습니다. G군의 어머니는 아이의 학업 성취에 대해 조급해하지 않고 공부와 독서를 시키고 있습니다. 어머니가 차분하니 아이도 차분해지는 것 같습니다.

　제임스 웹 등이 함께 쓴 책 《영재 공부》는 영재들의 정서적인 면을 살피는 데 필요한 방법론, 지식 등이 담겨 있습니다. 오랫동안 영재들과 부모들을 상담하고 관찰해 얻은 많은 지혜가 망라된 이 책에서 말하고자 하는 중요한 몇 가지를 꼽자면 다음과 같습니다.

　- 어리석은 일을 기꺼이 견디게 하라.
　- 지적 자극보다 정서 발달이 중요하다.

- 성취 동기를 지나치게 강요하지 마라.

- 긍정적인 자아 형성을 유도하라.

- 협력하도록 격려하라.

- 감정을 소통하라.

- 특별한 친구를 만들어라.

- 잘못된 행동보다 동기에 주목하라.

- 불합리한 체벌은 피하라.

물론《영재 공부》는 주로 어린 고도영재의 부모들에게만 해당되는 내용을 다루고 있고, 미국과 우리나라의 학습 동기, 학습 환경, 조기 교육, 영재에 대한 사회적 인식, 영재교육 시스템, 진로 등 많은 점에서 차이가 있다는 건 인지할 필요가 있지만 영재를 키우는 부모에게 참고될 만한 내용들이라 읽어 봄직합니다.

결국 해내는 아이의 한 끗 차이

국제수학올림피아드 대한민국 대표 학생들을 오랫동안 지켜보며 그들 사이에 한 가지 공통점을 발견했습니다. 다름 아닌 '겸손'입니다. 이 아이들을 가리켜 학업 성취 면에서 성공했다고 보는 데 이의를 제기하는 사람은 아마 없을 것입니다. 하지만 그들은 단순히 드러나는 성격과 태도만 겸손한 것이 아니라 진심으로 '○○가 나보다 낫다'라고 오히려 남들의 능력을 높이 평가하고 자신을 돌아보는 성품을 가지고 있습니다. 그간 다양한 아이들을 만나 왔지만 스스로 잘났다고 생각하고, 우쭐대는 심리를 가진 아이들은 일정 수준 이상의 성취를 거두지 못했습니다. 다른 사람들의 능력을 인정하는 사람, 뛰어난 사람들에 대해 호의를 갖는 사람만이 결국 성공하는 법입니다.

특별한 능력이라도 나올 줄 알았는데 겸손이라니? 의아하게 생각하는 사람들도 있을 것입니다. 하지만 저는 훌륭한 학업 성취에 있어 가장 중요한 자세가 겸손이라고 생각합니다. 따라서 여기서는 겸손이 왜 중요한지, 아이에게 어떻게 하면 겸손을 가르칠 수 있는지 생각해 보고자 합니다.

🔖 겸손은 성공의 열쇠

타고난 재능이 워낙 뛰어나 그것만 잘 살려 주면 알아서 성공할 것 같은 영재들에게도 겸손은 가장 중요한 덕목입니다. 겸손이 성공의 중요한 요인이 되는 이유는 이것이 정서적 안정, 끈기, 정신적 맷집, 책임감, 승부욕, 인내심, 사회성, 남을 존중하고 타인의 의견을 경청하기 등과 같이 실력자로서 성공하는 데 필요한 요소들 모두와 연결되기 때문입니다.

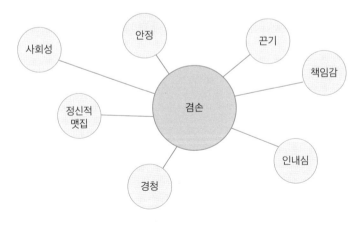

겸손이 아이 정서에 미치는 영향

영재는 대부분 높은 집중력을 갖지만 간혹 끈기가 부족한 아이도 있습니다. 겸손한 마음이 있어야 끈기도 유지됩니다. 승부욕이 강한 사람이 결국 성공하지만 누구도 모든 승부에서 다 이길 수는 없습니다. 영재들은 대개 완벽주의가 강하다 보니 패배와 좌절의 아픔이 더 큰 편입니다. 그런데 겸손은 패배의 아픔에서 일어날 수 있는 힘을 줍니다. 이러한 힘을 저는 정신적 맷집이라고 부릅니다. 이것을 전문 용어로는 회복탄력성(resilience) 또는 복원력이라고도 하지요. 이는 정신적 면역력과 사회적 면역력의 일부분입니다.

겸손한 마음을 가진 사람만이 계속해서 성장할 수 있습니다. 자신의 부족한 점을 직시하고 메우려는 노력을 하게 되기 때문입니다. 다음은 대한민국의 세계적인 학자 두 분이 페이스북 상에서 나눈 대화입니다.

K교수 (추천서를 써 달라고 찾아 온 제자를 언급하며) 갑자기 30년 전 내가 KFAS(한국고등교육재단) 장학금에 지원하던 시절의 기억이 떠올랐다. 엄청난 학부 성적과 탄탄한 연구 경험으로 빼곡한 이 친구에 비하면 나는 정말 허접한 상태에서 지원을 했고, 심지어 면접관에게 '영어 성적이 왜 이렇게 나쁘냐'는 언급까지 들었었는데 부끄럽고 감사하다.

P교수 하하. 그 당시 타의 추종을 글자 그대로 불허하는 실력자였던 K교수를 기억하는 동기들에게는…

K교수 무슨 그런 말씀을… 그저 '타'를 쫓아가느라 허덕대던 기억밖

에 없는걸.

P교수 그런 인식을 지니고 한결같이 달려서 K교수는 늘 선두에 있

는 건가?

두 교수의 대화를 보면 겸손이 훌륭한 학자가 되는 데 얼마나 중요한 요소인지 알 수 있습니다. 여기서 K교수를 높이 사는 P교수 역시 세계 최고 수준의 수학자입니다. 그는 평소에 매우 겸손하고 배려심도 많습니다.

허준이 교수 역시 겸손의 미덕을 갖춘 사람입니다. 그렇기에 꾸준히 노력해 세계 최고의 수학자가 된 것입니다. 허 교수가 서울대학교 대학원에 다닐 때 그를 실질적으로 지도하고 그에게 수학자로서의 정신과 태도를 가르쳐 준 히로나카 헤이스케広中平祐 교수 또한 겸손한 성품으로 정평이 나 있는 인물이지요. 그는 1970년 일본인으로서는 두 번째로 수학자의 최고 영예인 필즈메달을 받았는데 교토대학교를 졸업하고 동 대학교의 대학원에 다니면서 다른 우수한 학생들을 보며 자신의 능력을 비관했었다고 합니다. 그의 책《학문의 즐거움》에서도 겸손한 마음과 태도를 엿볼 수 있습니다. 예전에 그와 저녁식사를 할 기회가 있었는데 그때도 그의 겸손한 태도, 다양한 방면에 대한 관심 등에 감복을 받았습니다.

필즈메달은 이 세상 그 어떤 학술상보다도 더 받기 어려운 상입니다. 탁월한 재능이 없이는 40세 이전에 그런 수준에 이르는 것은 불가능합

니다. 허 교수와 히로나카 교수 모두 타고난 재능 면에서도 최고 수준일 것이 분명합니다. 하지만 그들이 그런 수준에 이르는 데 있어서 가장 중요하게 작용한 요인은 겸손한 마음가짐이었을 것입니다.

이 글을 읽는 독자 중 일부는 스티브 잡스Steve Jobs나 일론 머스크Elon Musk와 같은 겸손과는 거리가 먼 성공한 천재 사업가를 떠올릴지도 모르겠습니다만 그들의 예를 일반화할 필요는 없습니다. 사업가들에게 겸손은 중요한 덕목이 아닐지도 모르나 학자로서의 길을 가고자 하는 사람에게 있어 겸손은 매우 중요한 덕목입니다.

또한 겸손은 행복의 문으로 들어가기 위한 열쇠이기도 합니다. 겸손한 마음이 부족한 사람은 욕심을 많이 부리기 마련이고 욕심은 결국 행복의 적입니다.

🖊️ 겸손을 가르치는 훈육법

훈육은 '야단쳐서 가르치기'라는 인식을 갖기 쉽지만 실은 더 넓은 의미로 봐야 합니다. 일반적으로 훈육은 ① 원칙 정하기(선 긋기) ② 칭찬하기 ③ 야단치기로 이루어집니다. 그리고 아이들의 성향에 따라 이 셋 중 무엇이 더 중요할지 결정되지요. 특별한 재능을 타고 난 아이들의 경우 대개 자의식이 강하고 감정이 예민하기 때문에 세 가지 중 가장 중요한 게 칭찬하기입니다. 물론 칭찬을 자주 하는 것도 중요하지만 늘 사용하는 표현보다는 상황에 맞게 다양한 말과 표정으로 칭찬해 주는 것이 아이에게 더 좋습니다. 다음과 같은 칭찬하는 말들은 일부러 연습을 해서라도 입에 붙이면 좋겠습니다.

칭찬하는 말

"대박! 정말 잘했네."

"네가 늘 자랑스러워."

"너는 참 쉽게 해내는구나. 나는 어렵던데."

"네가 아니었으면 못했을 거야."

"너는 참 착한 아이야."

"어떻게 그런 생각을 했어?"

"너는 생각이 깊구나."

"네가 그렇게 해 주니 정말 고마워."

하지만 이때 주의해야 할 칭찬도 있습니다. 어릴 때부터 "넌 원래 천재야." 같은 말을 해서 아이 스스로 아주 뛰어난 사람이라고 생각하게 만드는 것은 조심해야 합니다. 심리학자이자 컬럼비아대학교 교수인 리사 손은 "'나는 원래 잘한다'는 인식이 자신의 노력을 감추게 만들고, 나중에는 독이 될 수 있다."라고 경고합니다. 손 교수는 부모가 아이에게 "원래 천재니까 뭐든 잘할 수 있어."라고 하면 아이는 뭐든 잘해야 한다는 생각에 자신의 노력과 실수를 감추려 한다고 말합니다. 결국 천천히 올라가는 학습 곡선이 있다는 걸 무시하게 된다는 것입니다. 또한 그는 "시간과 실수의 두려움을 없애고 실수를 하도록, 시간이 오래 걸리도록 해 줘야 한다."라고도 했습니다.*

　결론적으로, 아이에게 칭찬은 아끼지 않고 해 주되 '나는 보통 아이들과 다른 특별한 사람'이라는 인식은 주지 않도록 해야 합니다. 그렇지 않으면 적은 노력으로도 남들보다 잘할 수 있다고 생각하게 만들거나 사회성을 떨어뜨려 남들보다 잘났다는 것을 보여 주어야 한다는 생각에 엉뚱한 언행을 하게 될지 모릅니다. 결국 겸손의 미덕을 익힐 기회가 줄어들게 되는 것입니다.

　반면 '야단치기'는 해서는 안 된다, 해야 한다와 같은 이분법적 논리로 판단할 문제는 아닙니다. 아이의 성격과 행동 방식에 따라야 합니다. 영재들은 대개 감성이 예민하고 자아가 강하고 행동에 나름의 이유가 있는 경우가 많기 때문에 가급적 야단치기를 자제하는 것이 좋습니다. 실제로 전혀 야단칠 필요가 없는 아이들도 많습니다. 하지만 야단을 쳐야 하는 상황에서 야단치기보다는 칭찬하기를 중시하는 부모, 자신의 감정을 절제하며 야단칠 수 있는 부모라면 야단치는 게 아이에게는 매우 좋은 약이 될 수 있습니다. 야단을 칠 때는 부모의 목표가 분명해야 합니다. 야단치는 것의 목표는 아이의 잘못된 행동을 다듬어 주고, 참을성을 길러 주고, 남에 대한 배려심과 겸손한 마음씨를 길러 주는 데 있음을 잊지 말아야 하겠습니다.

---

*"'넌 원래 잘하잖아' '넌 천재' 이런 칭찬 금물, 리사 손의 교육법", 중앙일보, 2023. 10. 16.

아이들의 말과 행동은 어른들에 의해 다듬어지도록 인류는 진화해 왔습니다. 자신의 감정이나 행동이 스스로 조절되지 않을 때는 어렵더라도 바로잡아 주려는 노력을 해야 합니다. 영재들도 보통 아이들처럼 게임하겠다고 조르기, 이유 없이 투정 부리기, 반항하기, 다른 아이들 괴롭히기 등을 하면서 부모를 시험에 들게 합니다. 특히 영재들은 과잉 행동을 하는 경우가 많기 때문에 더 힘들 수 있습니다.

야단을 칠 때는 일관성을 유지하는 것이 중요합니다. 그리고 무엇보다도 화를 버럭 낸다든가 짜증을 내는 것은 피해야 합니다. 부모가 단순히 화를 내고 있는 것인지, 자신을 가르치려 하는 것인지 헷갈리게 해서는 안 됩니다. 일관성을 유지해야 한다는 말은 똑같이 반복되는 잘못된 행동에 대한 부모의 태도, 야단을 치기 전 사전 경고의 횟수와 방법, 야단치는 방법, 야단치는 시간 등이 가능한 한 일정해야 한다는 뜻입니다.

아이의 나이도 중요합니다. 어쩌면 이게 가장 중요한 것일지 모르겠습니다. 아이들에 따라 다르긴 하지만 6세 이상의 아이들은 되도록 야단치지 않는 것이 좋습니다. 즉, 아이의 행동을 바로잡고 싶다면 그 이전에 해야 한다는 뜻입니다. 6세 이상의 아이들에게는 칭찬과 격려가 약입니다.

특히 아이가 영재라면 예민하고 자존심이 강하기 때문에 야단을 맞았다는 것에 자존심이 상하지 않게 하는 것이 중요합니다. 이를 위해서는 첫째, 아이가 하지 말아야 할 언행을 하거나 이해할 수 없는 고집을 피울 때 무작정 야단치지 말고 왜 그런 행동을 하는지 동기를 먼저 살펴야 합니다. 야단은 단순 짜증이거나 합당한 이유가 없다고 생각될 때 쳐야 합니다. 즉, 타이밍이 중요합니다. 맥락에 맞지 않게 갑자기 야단치는 것은 최악입니다. 둘째, 자존심을 상하게 하는 막말(killer statement)을 해서는 안 됩니다. 이는 야단칠 때는 화를 내서는 안 된다는 것과도 일맥상통합니다. 다음은 해서는 안 되는 말들의 몇 가지 예입니다.

> **야단칠 때도 해서는 안 되는 말**
>
> "너는 왜 늘 그런 말썽만 피우니?"
> "너는 원래 그런 애야."
> "똑똑하면 뭐하니 바보 같은 짓만 하는데."
> "엄마가 하라는 대로 하면 되지 왜 말이 많아?"
> "난 네가 없으면 마음이 편해."
> "너는 왜 ○○처럼 하지 못하니?"

심지어 자신의 아이에게 "아유, 지겨워", "너는 왜 또 그딴 짓이니?", "너는 하는 짓이 ○○랑 똑같아" 등의 막말을 하는 부모도 본 적이 있습니다. 평소 아이에게 헌신하다가도 어쩌다 이렇게 막말을 내뱉으면 이를 들은 아이는 마음에 커다란 상처를 입습니다. 어른들은 쉽게 잊어버리는 말들도 아이들은 다 기억합니다.

아이에게 야단을 칠 때는 장소나 상황도 고려해야 합니다. 남들 앞에서 야단을 치면 아이의 자존심이 크게 상할 수 있습니다. 잘못한 것에 대한 반성보다 창피당했다는 반발이 앞서기 때문에 효과도 떨어집니다. 고도영재들 중에는 부모뿐 아니라 자신을 둘러싼 환경이 불합리하며, 자신에게 권위를 행사하는 사람들이 자신보다 판단과 사고가 느리고 어리석다고 여기는 아이도 있습니다. 그래서 아이가 똑똑할수록 부모가 더욱 원칙, 절제, 일관성을 지켜야 합니다.

겸손과 자존심은 배치되는 것으로 여기기 쉽지만 오히려 그 반대로 서로 연관성이 높습니다. 자존심은 자기만 잘났다고 하는 개념과는 다릅니다. 자존심이 진짜 강한 사람은 자신의 마음이 다치지 않게 하기 위해 오히려 남들에게 잘해 주고, 예의가 바르고, 과한 욕심을 부리지 않으며, 자신을 낮추는 심리가 있습니다. 그래서 겸손과 자존심은 둘 다 지켜야 할 소중한 자산입니다.

연령별 적기 영재교육

아이 교육을 어떤 방향으로 나아갈 것인가 하는 데는 아이가 어느 정도 수준의 영재인지, 수학 영재인지 인문 영재인지, 나이가 몇 살인지, 수도권에 사는지 지방에 사는지 등에 따라 다를 수밖에 없습니다. 물론 부모의 철학이나 학생의 장래희망 등 다양한 요인에 따라서도 달라질 것입니다. 이번에는 연령별로 아이를 어떻게 가르치는 게 좋을지에 대해 살펴보고자 합니다. 만 나이를 기준으로 유아 단계, 초등 저학년 단계, 초등 고학년 단계, 중고등 단계의 총 네 가지 단계로 나누어 보았습니다.

유아 단계: 7세 이전

20세기 초 유럽과 미국에서는 "빨리 익는 과일이 빨리 상한다."라는 인식이 널리 퍼졌습니다. 일찍이 영재성을 나타내면 그만큼 영재성은 일찍 시들고, 사춘기 이후에는 오히려 지능 발달이 평균보다 떨어지거나 요절한다는 생각이었습니다. 지금은 그런 고리타분한 인식을 가진 사람이 거의 없습니다. 운동선수나 음악가들도 한 살이라도 어릴 때 시작하는 게 유리하듯 두뇌 계발도 어린 나이에 시작할수록 유리한 게 당연합니다. 특히 요즘에는 2~3세부터 천재성을 보이는 아이들이 많아 이를 어떻게 발전시켜 줘야 할지 부모들의 고민이 큽니다.

이 시기 특별한 재능을 가진 아이라면 벌써 학습 의욕과 호기심이 강한 것을 발견할 수 있을 것입니다. 여기에 더해 과흥분성을 보이거나 사회성이 부족한 느낌이 든다면(고도영재의 특성이기도 합니다) 정서 안정과 사회성 발달에 우선적으로 신경을 써 주는 것이 좋습니다. 정서적인 문제가 보이지 않는다면 다음 다섯 가지 목표를 중심에 놓고 아이를 가르칠 수 있습니다.

첫째, 책 읽는 습관을 들이면 좋습니다. 이건 누구나 다 아는 사실이지만 실제 책을 좋아하는 아이를 만드는 건 너무 어렵습니다. 아이마다 성향이 다르다 보니 정답도 없습니다. 다만 책 읽기가 조기 교육에서 가장 중요한 것 중 하나라는 것을 인식하고 노력할 필요가 있습니다. 책을 읽어 주는 것도 중요하지만 읽어 준 책의 내용에 대해 아이와 대화를 나누면 더욱 좋습니다. 스스로 책을 읽을 수 있게 된 뒤라면 좋은 책을 많이 읽게 하는 것도 필요하나 아이가 재미있어 하는 책을 여러 번 읽는 것도 괜찮습니다. 이 연령대 아이들에게 있어 독서의 주목적은 책 속의 지식을 습득하는 것이라기보다는 독서와 친해지는 것입니다. 시간 날 때마다 도서관이나 서점에 자주 데려가는 것도 좋은 방법입니다.

머리가 좋은 아이들은 책을 빠른 속도로 읽는 경향이 있습니다. 그런데 책 내용을 충분히 숙지하면서 읽는 것인지에 대해서는 가끔 점검이 필요합니다. 책을 너무 빨리 읽는 건 좋지 않습니다. 빨리 읽는 습관이 몸에 배면 나중에 과학책이나 역사책과 같이 숙독을 요구하는 책을 읽을 때조차 감속이 잘 안 될 수 있습니다. 심지어 교과서를 읽을 때도 빨리 읽어 버리는 아이들이 있습니다(제가 한때 그랬습니다). 책 읽는 속도를 조절하기 위해서는 가끔은 수준에 맞긴 하지만 다소 어려운 책을 골라 주는 게 한 방법일 수 있습니다.

둘째는 아이의 질문에 잘 대답해 주는 것입니다. 똑똑한 아이일수록 질문이 많습니다. 질문 중에는 엉뚱한 질문도 있고, 하나마나한 시시한 질문이나 짓궂은 질문, 대답하기 어려운 질문 등 다양합니다. 부모가 바쁠 때나 남들과 대화할 때 불쑥 질문을 하는 경우도 흔합니다. 아이의 그 많은 질문에 대해 부모가 모두 친절하게 대답해 주기란 거의 불가능에 가깝습니다. 하지만 아이 교육에 있어서 대답해 주기는 매우 중요합니다. 아이는 부모의 대답을 통해 지식을 키우려는 게 아닙니다. 부모의 사랑과 관심을 확인하고 한편으로는 무의식중에 부모의 태도와 철학을 배우는 것입니다.

셋째는 앞서 이야기했던 것처럼 겸손한 마음을 키워 줘야 합니다.

겸손한 마음은 사회성, 끈기, 올바른 승부욕, 참을성, 성실함, 예절, 양보심 등 다양한 감정의 바탕이 됩니다. 남을 존중하는 데서 시작하는 겸손은 7세 전에 가르쳐야 더욱 효과가 좋습니다.

넷째는 운동을 가르치는 것입니다. 아이들은 운동을 통해 체력, 인내심, 협동심을 키우고, 정신적 정화, 활동 에너지 소비 등의 효과를 얻습니다. 뿐만 아니라 이른 나이에 운동을 시키면 운동신경이 개발되고 평생 운동과 친하게 지내며 건강을 유지할 수 있습니다.

마지막으로 영어 공부를 시키는 게 좋습니다. 만약 아이가 영재 또는 특별한 재능을 가진 듯 느껴진다면 영어 공부는 도움이 됩니다. 우선 아이의 두뇌 계발에 좋습니다. 새로운 언어를 배울 때 대뇌피질이 활성화되고 해마가 성장해 이해력과 기억력이 향상됩니다. 또한 영재의 넘치는 학습 에너지를 소비하기 좋은 소재이기도 하지요. 언어와 수학은 기초 소양 교육의 양대 축이고 7세 이전에 시작해도 괜찮다고 생각합니다.

다만 영어 유치원에 보내는 데는 찬성하기 어렵습니다. 비용이 너무 많이 드는 데다가 아이를 유치원에 보내는 주요 목적은 사회성과 문화적 감수성을 키우는 것인데 영어라는 요소가 그런 목적에 부합하지 않을 가능성이 염려되기 때문입니다.

이 시기 아이들이 가장 쉽게 많이 하는 공부법은 아마도 방문 선생님이 오는 학습지일 것입니다. 한글, 수학, 영어 등 학습지 종류는 다양하고 안 시키는 집이 거의 없을 정도입니다. 교재와 디지털 도구의 종류가 워낙 많아서 어떤 것을 선택해 언제부터 시킬지가 고민입니다. 이것은 아이의 성향과 발달 과정을 살피며 결정하면 됩니다. 다만 어른들의 눈높이에서 좋아 보인다고 해서 그것이 꼭 아이에게 맞을지는 알 수 없다는 건 기억하기 바랍니다.

수학 학습지를 시키다 보면 어느 단계부터는 단순 덧셈, 뺄셈을 무한 반복하게 됩니다. 이에 대해 이걸 꼭 해야 하는지, 창의적 사고 발달을 저해하지는 않을지 염려하는 부모님이 계시다면 생각을 다시 할 필요가 있습니다. 일견 지루해 보이는 그 단순 반복은 의외로 효과가 있습니다. 아이가 수와 친숙해질 수 있고, 단순 계산은 틀리지 않을 수 있다는 자신감을 갖게 할 수 있기 때문입니다. 이는 훗날 진짜 수학을 만나게 됐을 때 심리적으로 도움을 줍니다. 작은 자신감들이 모이다 보면 결국 커지는 법입니다. 중요한 시험에서 단순 계산 실수를 하고 나면 마음이 너무나 아픕니다.

제가 학습지 교육에 주목하게 된 주된 이유는 그동안 만난 성공한 수학 영재들이 거의 예외 없이 어릴 때 유아 수학 학습지를 했던 경험이 있었기 때문입니다.

🖇 초등 저학년 단계: 7~10세

부모에게는 이때가 가장 어려운 시기입니다. 아이가 부모의 말을 잘 안 듣고, 부모가 하는 말마다 그건 아니라고 하기 시작하는 나이이기 때문이지요. 아이들의 이러한 태도는 성장의 자연스러운 과정입니다.

영재일수록 특히 이 시기에 기행을 보이기 쉽습니다. 그들의 이런 행동은 가족, 친구, 선생님들에게 부정적인 반응을 일으킵니다. 그래서 제재나 질책을 받기 쉽지요. 하지만 그럼에도 불구하고 아이의 마음을 다치게 하는 과다한 질책은 삼가는 것이 좋습니다. 아이는 계속해서 부모와 선생님의 인내의 한계를 시험하겠지만 인내심을 갖고 아이를 지도해야 합니다. 앞서 말했듯 아이들의 거슬리는 언행에도 반드시 이유가 있으니 야단을 치기에 앞서 그들의 심리와 행동의 동기를 잘 살피려는 태도가 중요합니다. 아이들은 칭찬에 약합니다. 질책보다는 칭찬이 우선입니다. 단, 부모가 분명한 선을 긋고 그 선을 지키려고 노력해야 합니다.

똑똑한 아이에게 배움은 최대의 즐거움이지만 그럼에도 불구하고 학교생활에서는 그런 즐거움을 잘 느끼지 못할 수 있습니다. 학교에 재미를 느끼지 못하면 결국 학교생활이 원활하지 않게 됩니다.

요즘에는 우리나라에도 영재의 정서적 안정과 학습을 돕는 사설기관이 여럿 있습니다. 다만 그런 기관들이 주로 수도권, 그중에서도 서울 강남 등 일부 지역에 집중돼 있다는 점이 문제입니다. 아이가 문제행동을 보일 때 아동정신건강의학과 전문의의 도움을 받는 것도 아주 흔해졌습니다.

아이에게 영재성이 보인다면 6~7세경에는 전문가를 통해 지능검사를 받아 보는 것도 좋습니다. 9세 내외의 수학 고도영재일 경우 카이스트 과학영재교육원에서 실시하는 교육 프로그램에 신청서를 내 볼 수도 있겠고요. 한 가지 분야에서 집중적으로 학습 에너지를 쏟는 것도 나쁘지 않지만 이 시기에는 가능한 한 다방면에 관심을 갖도록 유도하는 것이 바람직합니다. 그런 면에서 역시 독서나 체험활동이 매우 중요한 시기입니다.

✎ 초등 고학년 단계: 11~14세

반항심과 돌발행동으로 애를 먹이던 아이들도 대개 10세가 넘어가면서 점차 심리적 안정을 찾습니다. 이제부터는 본격적으로 학업을 시작할 때입니다. 어려운 시기를 잘 넘기고 학업에서 안정을 찾았다면 영재성이 만개할 시기이기도 하지요. 지식이 제법 쌓인 아이들은 충만한 자신감으로 무장돼 있습니다. 하지만 다른 한편으로는 난생처음 본격적인 경쟁을 시작하지요. 영재들은 이 시기에 가장 빨리 발전합니다.

아이가 수학이나 과학에 관심이 있고 운이 좋다면 과학영재교육원에서 교육을 받을 수 있습니다. 다양한 형태의 영재교육원이 있기 때문에 거주하는 지역에서 갈 수 있는 적당한 곳을 찾아야 합니다. 대학교 부설 과학영재교육원이 교육과정의 전문성도 좋고 학생들의 수준도 높아서 가장 좋지만 의외로 과학고등학교나 과학영재학교 부설 영재교육원도 학부모들에게 인기가 좋은 편입니다. 해당 학교 입학 시에 유리하지 않을까 하는 기대 심리 때문일지도 모르겠습니다.

이 시기엔 선행학습과 사교육이 가장 중요한 이슈입니다. 뛰어난 아이는 어쩔 수 없이 선행학습을 하게 됩니다. 수학적 재능이 뛰어난 아이라면 그다음 단계의 수학을 공부하고 싶어 할 것입니다. 적어도 중학교 과정까지는 선행학습이 좋은 성적을 받는 데 유리한 게 현실이기도 하지요. 강남의 주요 학원에서는 초등학교 3~4학년 때부터 과학고등학교, 과학영재학교 등의 입시 준비를 시작해야 한다고 말합니다. 그래서 서울 강남에는 '초등학교 의대반'이라는 간판을 내걸고 광고하는 학원들도 있습니다. 그들이 그렇게 말하는 이유는 우리나라 과학영재교육이 과학영재교육원 초등부→과학영재교육원 중등부→과학영재학교로 이어지는 시스템이기 때문입니다.

그럼 과학영재교육원 초등부·중등부에 다니는 것이 정말 나중에 과학영재학교 입학에 도움이 될까요? 아마 그럴 것입니다. 특히 과학기술정보통신부가 지정하고 과학창의재단이 지원하는 전국의 27개 대학 부설 영재교육원은 교육 내용도 충실하고 교육 받는 영재들의 수준도 높기 때문에 큰 도움이 될 것입니다. 또한 잘하는 아이들이 한 공간에 모여 공부하면 서로에게 긍정적인 자극이 되고, 영재교육 또는 영재학교 입시 관련 정보를 얻기 쉬우며, 비슷한 고민을 가진 부모들과 교류할 수 있다는 점에서도 긍정적입니다. 국가가 지원하는 영재교육원에 다닌 것은 학교생활기록부에 기록된다는 현실적인 이점도 있습니다.

과학 영재들은 지원 시기와 학교 수준 등의 이유로 가장 먼저 과학

영재학교에 지원하고 그곳에 실패하면 과학고등학교에 지원하는 구조로 되어 있습니다. 과학고 입학에도 실패한 학생들은 자립형사립고 (자사고), 국제고, 외국어고 등에 지원하게 됩니다. 이런 지원 시기의 차이가 자연스럽게 학교 수준의 순서로 매겨지고 있으니 개선이 시급해 보입니다.

전국 단위 자립형 사립고등학교 (이하 자사고) 중에서도 인기가 높은 민족사관고, 상산고 등은 수도권 학생 비율이 약 70퍼센트 정도 됩니다. 2024년도 영재학교 신입생 820명 중 수도권 학생은 563명으로 전체의 68.5퍼센트입니다. 언론은 이것을 수도권 집중 현상이라고 부르고 그 원인으로 사교육의 효과를 꼽습니다. 수도권 집중뿐 아니라 서울 안에서도 강남 3구 집중 현상은 언론에 나온 것보다 더 심합니다. 제가 아는 몇 명의 최고 영재들은 중학교 입학을 전후해서 아예 가족이 강남으로 이사를 갔습니다. 서울과학고는 서울시 내의 편중 현상을 의식해 신입생 정원 120명 중 50명을 서울시 지역 균형 전형으로 선발합니다. 서울시 25개구의 각 구에서 2명씩 선발하는 것입니다.

✐ 중고등 단계: 15~18세

이 시기는 사춘기의 몸살을 앓는 때입니다. 부모는 아이에게 말을 걸기도 어려운 시기이지요. 이성에 대한 관심, 학업에 대한 부담, 미래에 대한 고민으로 방황할 나이입니다. 갑작스레 공부가 지치고, 그토록 강했던 학습 에너지도 사라질 수 있습니다. 그럴수록 필요한 건 가족의 관심과 격려입니다.

아무리 공부를 잘하는 학생이라도 자기보다 더 잘하는 학생을 만나기 마련입니다. 몇 해 전 만난 영재 P군도 그랬습니다. P군은 초등학생 때 한국수학올림피아드 중등부 2차 시험에서 금상을 받았고 고등부 금상도 네 번이나 받았으며 국제수학올림피아드 대표도 두 번 했습니다. 그는 탁월한 재능은 말할 것도 없고 성실성까지 갖춘 아이였죠. 서울과학고에 조기 진학했던 P군이 2학년 말쯤 깜짝 놀랄 글을 SNS에 올렸습니다. "수학은 몰라도 다른 과학 과목은 주변 애들이 너무 잘해서 나는 따라가기 어렵다. 나는 아무리 열심히 해도 안 될 것 같다."라는 취지의 글이었습니다. 그 글을 보고 저는 걱정을 많이 했습니다. 그래도 다행히 그는 나중에 원하는 대학의 학과에 잘 들어갔습니다. 그런데 한참 후에 뜻밖의 사실을 알게 됐습니다. P군이 실은 서울과학고를 수석으로 졸업했다는 것이었습니다. 일부 과목에서 P군보다 더 잘하는 학생들이 있었던 건 사실일 것입니다. 다만 P군은 자신이 느낀 좌절감에 대한 글을 올리면서 더 열심히 해야 하겠다는 의지를 불태웠던 것 같습니다.

아이가 고등학생이라 하더라도 부모의 관심이 아이의 성적 향상에 도움이 되는 건 분명합니다. 다만 도가 지나치지 않도록 주의할 필요는 있습니다. 서울대학교에 네 번 입학(공과대학, 의과대학, 치과대학, 수의과대학)했고, 유튜버로도 활발하게 활동하고 있는 서준석 원장은 서울과학고에 다닐 때 최고의 수학 영재들만 모이는 한국수학올림피아드 계절학교에 입교한 적이 있습니다. 저와도 아는 사이이지요. 수재 중의 수재인 서 원장이 최근 어머니와 함께 쓴《서울대 의대 치대 수의대 공대를 보낸 엄마의 자녀 교육법》이라는 책에도 자녀 교육에 있어 어려운 지점으로 부모와 자식 사이의 거리에 대해 이야기합니다. 이 책에는 주체성과 자기 의지가 강해지는 사춘기의 아이를 얼마나 이끌어 줘야 할지, 얼마나 지켜봐 줘야 할지에 대한 어머니의 고민이 고스란히 담겨 있습니다. 그리고 어느 시점이 되면 지켜봐 주는 역할만을 하며, 과감하게 아이의 사생활은 존중해 주어야 한다고 조언하지요.

아이들은 무엇을 위해 이렇게 공부하는 걸까요? 요즘에는 똑똑한 아이를 둔 많은 부모들이 아이를 의대에 보내는 걸 공부의 목적으로 두고 있는 것 같습니다. 왜 의사일까요? 직업이 안정적이고 수입도 좋아서일까요? 하지만 의사 일도 쉽지 않습니다. 매일 환자들을 만나고 상대하는 일이 적성에 맞지 않는 경우도 부지기수입니다. 그런데도 여전히 아이의 성격과 적성에 상관없이 아이를 의대에 보내려 합니다.

이다음에 생길지 안 생길지 모르는 문제는 우선 차치하고 당장에 자식이 그만큼 공부를 잘했다는 걸 증명해 보이고 싶은 건 아닐까요? 서울대보다 웬만한 의대 점수가 높다는 생각에 의대 입학이라는 타이틀을 포기하기에는 아이의 성적이 아깝다고 생각하는 게 아닌지 돌아봐야겠습니다. 그동안 탁월한 재능과 성실성을 갖추고 있어 수학자나 과학자가 된다면 인류를 위해 빛나는 업적을 낼 만한 아이들이 부모의

희망에 맞춰 의대에 가는 안타까운 모습을 여러 번 봐 왔습니다. 그중에는 의대에 진학하고도 수학에 애착을 갖는 아이도 많았지요. 국제 수학올림피아드 한국 대표였던 학생 중에 여러 해 만에 의대에 진학한 아이가 있습니다. 그는 대표 학생 중에서도 에이스였습니다. 그런 그가 저를 찾아와 "의예과 2년 동안 수학 전공과목을 열심히 수강해서 수학 복수전공에 필요한 학점을 모두 이수했어요. 그러기 위해 2년간 총 199학점을 들었습니다. 저는 수학 공부 할 때가 제일 행복해요."라고 말했습니다. 지금 그는 수학을 공부하는 후배들을 위한 교육에도 조교로서 열심히 참여하고 있습니다.

아이가 자신의 재능을 적성에 맞게 원하는 방향으로 제대로 활용하며 행복한 삶을 살 수 있도록 이끌어 주는 것이야말로 진정한 부모의 역할이 아닐까 싶습니다.

영재의 정서교육

영재들, 특히 고도영재들은 조금씩이나마 사회성이나 심리에 문제를 안고 있을 확률이 높습니다. 그러나 국제수학올림피아드 대표 학생들의 경우 비교적 그런 문제가 드물게 발생합니다. 이것은 사회성이나 심리 문제가 학업성취도에 영향을 미치고 이런 문제가 해결되어야 학업 성취를 이룰 확률이 높다는 의미일 것입니다. 그들 중에는 애초에 아이에게 그런 문제가 적었을 수도 있고, 부모나 주변 사람들의 도움으로 완만하게 극복한 경우도 있을 것입니다.

이상 행동 바로잡기

정서적으로 불안한 고도영재들에게는 만 6~10세경이 가장 어려운 시기라고들 말합니다. 물론 유치원 때부터 친구들과 잘 어울리지 못하거나 타인에게 피해를 주는 행동을 하는 등의 문제가 나타나는 아이도 있지만 그 시기엔 본격적인 수업을 받기 전이라 크게 문제로 여겨지지 않을 수 있습니다. 하지만 일단 아이가 초등학교에 입학하고 본격적으로 공부를 시작하면서 문제가 두드러지게 나타날 수 있습니다. 선생님이 가르쳐 주는 것들은 이미 다 아는 내용이라 시시하기 때문에 수업 중에 이상한 말이나 행동 등을 하며 수업 분위기를 망치기 일쑤이지요. 아이 자신도 물론 힘들겠지만 같은 교실에 있는 선생님과 친구들도 무척이나 힘들 것입니다.

똑똑한 아이들은 어려서부터 말도 잘하고 아는 것도 많다 보니 어른은 그저 아이가 다 알아서 척척 잘할 것으로 기대했을 것입니다. 그랬던 아이에게 정서적으로 문제가 있다는 걸 인정하기 어려워하는 부모도 있을 테지요. 아이가 문제가 있다고 생각하기보다는 감정적으로 예민하고, 자기 행동이 스스로 잘 다스려지지 않는 것 또한 고도영재의 특징일 수 있다는 것을 수용하며 아이를 세심하게 관찰하고 보살피는 것이 좋겠습니다.

멜리나 스튜어트Melina Stewart는 희귀영재 두 명을 키워 낸 어머니이자 명문 보딩스쿨인 그로튼 학교의 카운셀링 디렉터입니다. 보이저라는 회사의 창업자이기도 하지요. 그녀는 다음과 같이 말했습니다.

"말로 표현할 수 없는 깊은 고뇌와 슬픔이 이성을 마비시킬 때 어떻게 하나요? 고도영재들은 남들보다 더 많은 것을 더 깊이 느끼는데 그것을 말로 표현할 수 없을 때 소위 '증상'이라 불리는 이상한 행동을 합니다. 우리는 그런 행동을 없애려고 하기 전에 먼저 그런 행동의 이유와 목적을 이해하려고 노력해야 합니다. 가끔 우리가 해야 할 일은 심장의 목소리를 통역하고 이해하는 것입니다."

가장 조심할 점은 이상 행동에 대해 과다하게 야단치는 것입니다. 앞서 말했듯 영재에게도 훈육이 필요합니다. 하지만 칭찬하기와 분명한 선 긋기가 우선이지, 성급한 야단치기나 벌주기는 예민한 감성을 가진 영재에게 심각한 독이 될 수 있습니다.

전에 제가 근무하는 대학교의 학생 중에 천재가 한 명 있었습니다. 그에게는 학부 과정에서 배우는 수학이 너무 쉬웠습니다. 그는 미국의 유명한 위상수학자 제이콥 루리Jakob Lurie의 최신 논문과 노트를 열심히 읽고 와서는 저와 그 내용에 대해 대화하는 것을 즐겼습니다. 그의 수학적 지식에는 대학원 과정을 뛰어넘는 부분도 많았습니다. 하지만 그는 정서적으로 불안하고 늘 외톨이로 지냈으며 가끔 수업시간에 엉뚱한 질문을 해서 교수나 학생들을 불편하게 만들었습니다. 그래서 저는 학과 교수들과 저와 친한 몇몇 학생들에게 "그 학생이 건방져서 그런 게 아니고 정신적으로 약간 문제가 있을 뿐이다. 실제로 엄청난 천재이니 잘 이해해 주어야 한다."라고 말해 주었습니다. 그러던 어느 날 그가 제 수업시간에 엉뚱한 질문을 몇 개 했습니다. 일부는 자리에서 설명해 주고 나머지는 나중에 개인적으로 설명해 주겠다고 하고는 수업을 마치고 나왔습니다. 그런데 그 뒤에 사고가 터졌습니다. 그 수업에는 나이가 좀 많은 학생이 한 명 있었는데 그가 그 학생을 크게 야단치고 심지어 뺨까지 때린 것이었습니다. 그 사실을 알고는 피해 학생을 만나 위로해 주고, 나이 많은 학생을 불러 사과도 시켰습니다. 그 학생의 부모까지 같이 만나 사과를 시켰지요. 하지만 이 사건이 그 학생에게는 큰 정신적 충격이 되었고 이후에는 정신적으로 더 불안해 보였습니다. 결국 정신병원에 한 달쯤 입원했다가 학교로 돌아왔는데 알고 보니 그런 식의 입원이 대학 입학 전에도 여러 번 있었다고 합니다. 이후 그 학생은 심한 우울증으로 힘들어하고 자살 시도도 했습니다. 저는 당시 그에게서 충격적인 이야기를 들었습니다. 어릴 때부터 지금까지 아버지에게 수시로 맞았다는 것입니다. 그래서 그는 아버지를 아주 미워했습니다. 아이의 이상 행동을 바로잡으려고 한 것이겠지만 아버지의 그런 무모한 행동이 아이에게는 독이 되었던 것입니다.

📎 완벽주의 수정하기

영재들도 다른 아이들과 마찬가지로 사람들의 호의적인 관심을 원합니다. 자신의 장점을 이용해 칭찬받고 싶고 남에게 도움도 주고 싶어 하지요. 제가 만난 고도영재들 중 9세 이하의 어린아이들은 누구나 예외 없이 자기가 무엇을 잘하는지, 무엇을 잘 알고 있는지 보여 주고자 했습니다. 어려서부터 그런 식으로 남들의 관심을 받아 왔기 때문에 이런 행동은 심화할 수밖에 없습니다. 또한 남들에게 지는 것은 상상조차 하기 싫어합니다.

아이가 자라 10대 초반쯤 되면 학업 성적, 대회 수상 등의 성취를 통해 자신이 남들보다 더 잘났음을 보여 주게 됩니다. 부모와 선생님, 친구들이 자신의 이런 성취에 주목하고 칭찬하기 때문에 아이는 쉽게 완벽주의에 빠집니다. 일단 완벽주의에 빠지면 다른 사람들이 강요하지 않아도 스스로 완벽한 결과에 집착하게 됩니다. 지나치게 높은 목표를 설정하고 목표를 달성하기 위해 안달할 수 있습니다. 훈련과 시간이 필요한데도 결과를 즉시 얻지 못하면 스스로 실패했다고 생각하기도 합니다.

위스콘신대학교의 수학 교수 조던 엘렌버그Jordan Ellenberg는 어려서부터 천재로 유명했습니다. 국제수학올림피아드에 미국 대표로 세 번이나 출전해 두 번 금메달을 받았고, 그중 한 번은 만점을 받았습니다. 그는 자신의 저서 《틀리지 않는 법》에서 학생들을 가르치면서 가장 가슴 아픈 게 '천재성의 신앙에 망가지는 모습을 보는 일'이라고 했습니다. 자신도 충분히 똑똑하고 잘하고 있음에도 불구하고 자신보다 앞선 사람이 있다는 이유로 공부를 그만두는 학생들을 안타깝게 바라본 것입니다.

그가 지적했듯 똑똑한 아이들일수록 누군가에게 학습 성과가 조금 뒤지거나 자기보다 뛰어나 보이는 학생을 만나게 되면 자기는 실패자라고 느끼고 다른 길을 택하는 게 낫겠다며 갑자기 학업을 등한시하거나 자신의 목표를 바꾸는 경우가 많습니다. 그런데 실은 아무리 최고 영재라도 언젠가는 쓰라린 패배의 고통을 겪게 됩니다. 이성 문제일 수도 있고, 성취의 문제, 능력의 문제일 수도 있습니다.

따라서 아이들이 성취에 너무 집착하지 않도록 도와주어야 합니다. 미국의 영재교육 전문가 짐 델라일Jim Delisle 박사는 다음과 같이 말합니다.

"대다수의 영재들은 노력하고 성취합니다. 하지만 그들도 조용함의 중요성과 아무것도 하지 않는 것의 효과를 이해할 필요가 있는 아이들입니다. 적극적으로 노력하기와 그냥 혼자 조용히 지내기의 균형을 유지하는 것은 어렵습니다. 하지만 이 균형은 모든 영재의 성장에 꼭 필요한 것입니다. 당장의 성취가 재능보다 더 중요한 것은 아니라는 것을 기억해 주기 바랍니다."

🔖 관심 영역 확장시키기

대단한 업적을 세운 과학자라고 하면 한 분야만 깊이 파는 천재가 연상됩니다. 하지만 의외로 성공한 세계적인 과학자나 수학자 중에는 다양한 방면에 관심이 있거나 취미생활에 많은 시간을 할애한 학자들이 많습니다. 20세기 가장 위대한 과학자 아인슈타인이 수준급의 바이올린 실력을 갖췄다는 건 이미 잘 알려진 이야기입니다.

수학자이자 철학자, 논리학자이자 문학가, 그리고 반전 운동가이기도 했던 버트런드 러셀Bertrand Russell은 제 인생에 큰 영향을 미친 학자 중 한 명입니다. 특히 고등학교 1학년 때 읽은 그의 책《행복의 정복》은 인생의 책이라고 할 만큼 좋아합니다.

버트런드 러셀

귀족 집안에서 태어난 그는 어릴 때 부모님이 돌아가셔서 할머니 밑에서 자랐습니다. 천재였으나 우울증이 심했고 사춘기에는 자살 충동을 느낄 만큼 정신적 방황도 심각했지요. 그런 그를 붙잡은 건 '수학'이었습니다. 그는 "수학에 대해 좀 더 알고 싶은 마음 때문에 자살하지 못했다."라고 말합니다. 그가《행복의 정복》에서 강조하고 있는 것은 행복하고 싶다면 세상의 다양한 것에 관심을 가지라는 것입니다. 관심사의 범위도 넓히고 가능한 한 다양한 취미를 갖다 보면 행복에 더 가까워질 수 있다고 그는 이야기합니다. 이를 토대로 저는 '이 세상 모든 사물과 사람에 대해 호의적인 관심을 갖자.'를 좌우명으로 삼았습니다.

다양한 관심사를 갖는 데는 독서만큼 좋은 게 없습니다. 영재들 중에는 독서를 좋아하는 아이들이 많긴 하지만 그렇지 않은 아이들도 있습니다. 밥을 잘 먹지 않는 아이에게 밥을 먹이기 힘든 것처럼 독서도 마찬가지입니다. 아이와 함께 도서관이나 서점을 가고, 함께 읽은 책에 대해 이야기를 나누면 좋겠습니다. 생각해 보면 어릴 때 저는 '심심해서' 책을 읽었던 것 같습니다. 책보다 더 재미있는 게 있었다면 책을 읽지 않았을지도 모르지요.

✎ 신체 활동 시간 늘리기

독서뿐 아니라 운동도 적극 권합니다. 흔히 시키는 태권도, 줄넘기, 축구 등도 좋고, 그게 아니더라도 아이가 남는 시간과 에너지를 소진할 수 있는 운동을 찾을 수 있으면 좋겠습니다. 이런 면에서는 운동할 수 있는 환경이 잘돼 있는 미국, 일본, 영국 등이 부럽기도 합니다. 운동시설이 잘 조성돼 있는 것도 부럽지만 무엇보다 교육에 있어서 체육이 매우 중요한 요소라는 사회적 합의가 이루어져 있다는 게 부럽습니다.

미국의 초등학교, 중학교에서는 원하면 아침에 한 시간 일찍 등교해 농구나 축구를 할 수 있습니다. 아이들끼리만 하는 것이 아니라 선생님들이 나와 도와주는 경우가 많습니다. 방과 후에도 다양한 운동 기회가 있습니다. 친한 후배 교수는 연구년에 가족과 함께 미국에 1년간 갔다가 아내와 13세 아들을 미국에 남겨 두고 돌아왔습니다. 운동을 좋아하는 아들이 미국에서는 하루 세 시간씩 테니스도 치고, 축구도 했는데 우리나라로 돌아오면 매일 학원에 가야 할 걸 생각하니 차마 데려올 수 없었다고 합니다.

가까운 나라 일본에도 초·중·고교에서 체육 활동이 활발히 이루어집니다. 고등학교 졸업 때까지 아마추어 운동선수를 한번쯤 해 본 학생들이 학년마다 수만 명씩은 됩니다.

사회성, 끈기, 체력을 기르는 데 도움이 되니 아이가 운동을 좀 좋아한다면 초등학교 때 축구나 농구 같은 단체 운동을 시키면 좋겠습니다. 저는 초등학생 때 축구부에 들어가 2년간 열심히 축구를 했는데 그 경험이 제가 성장하는 과정에서 큰 도움을 주었다고 생각합니다.

단체 운동이 아니더라도 등산이나 야외 체험 활동도 권할 만합니다. 가능한 한 고생이 좀 심한 활동이면 더 좋겠습니다. 저도 제 아들이 초등학생 때 둘이서 체력과 용기의 한계에 도전하는 등산을 몇 번 간 적이 있습니다. 그때는 고생했지만 지금은 좋은 추억으로 남아 있습니다. 미국과 영국에서는 여름방학 때 초·중·고교 학생들을 대상으로 야외 활동 캠프 프로그램을 제공하는 학교들이 많습니다. 그런 프로그램의 대부분은 2~4주 정도이며, 프로그램의 목적은 학생들을 열악한 환경에 적응하게 함으로써 인내심과 협동심을 길러 주는 데 있습니다. 그런데 흥미로운 건 그렇게 고생을 하고도 한번 갔다 온 학생들이 대개 다음 해에도 또 비슷한 프로그램에 가고 싶어 한다는 것입니다. 부모 입장에서는 아이에게 너무 힘든 시간이 아닐까 하고 걱정될 수도 있겠지만 그런 힘든 시간을 무사히 겪어 낸 아이는 스스로 해내고 성장했다는 기쁨을 만끽할 수 있습니다.

📎 성취하는 아이로 키우는 지혜

대다수의 영재교육 전문가들은 고도영재와 같이 특별한 재능을 가진 아이들에게서 두 가지 공통점을 발견합니다. 굉장한 학습 에너지와 관심 있는 것에 집중하고 파고드는 강한 몰입도입니다. 영재의 비상한 지능을 두고 단순히 타고난 재능의 발현이라고 생각하기 쉽지만 이 두 가지가 있어야 재능도 발전하는 법입니다. 이는 영재의 자연스럽고도 공통적인 특징이니 차치하고, 이런 재능이 어떻게 학업 성취로 이어질 수 있는지에 부모들은 관심이 생길 수밖에 없습니다. 여기서 말하는 영재의 탁월한 학업 성취란 명문대학교에 입학해 우수한 성적으로 졸업하고 최고 수준의 박사과정을 마치는 것이겠지요. 훌륭한 학자, 실력자가 되는 일은 또 다른 문제이니 그건 뒤에 다룰 것입니다.

아이가 탁월한 학업 성취를 이루기 위해 필요한 다섯 가지는 겸손, 경험에 대한 개방성(다양한 관심), 승부욕, 인내(끈기), 체력입니다. 겸손한 아이는 자신의 실력에 자만하지 않고 끊임없이 발전시켜 나갑니다. 아무리 실력이 뛰어나도 사회는 혼자 살아갈 수 없습니다. 원만한 사회성을 길러야 사람들과 소통하고 또 경쟁하며 나아갈 수 있습니다. 세상에 대한 다양한 관심과 여러 가지를 경험하고자 하는 열린 마음을 가진 학생들이 결국 성취를 이룰 확률이 높다는 것은 잘 알려져 있습니다. 적절한 승부욕은 학습의 능률을 높이고, 당장 성적이 나오지 않거나 반복되는 공부가 지루해도 묵묵히 견디는 인내는 아이를 결국 성공으로 이끕니다. 이를 위해 뒷받침되어야 하는 건 체력입니다. 정신력도 결국 체력에서 나오는 법이니까요. 이 또한 부모의 역할일 것입니다.

지금까지 영재교육에 있어 다양한 측면에 대해 살펴보았습니다. 아이의 재능을 키우는 데 가장 중요한 요소는 부모입니다. 아이 옆에 딱 붙어 이것저것 하나부터 열까지 지시하고 가르친 뒤에 내가 얼마나 노력했는데 왜 우리 아이는 안 되느냐고 말하는 부모가 있다면 노력의 방향을 점검해 볼 필요가 있습니다. 관심을 갖되 과도하게 개입하지 않도록 절제하고, 조바심 내지 말고 침착하게 바라보며, 아이와 신뢰감을 형성하고, 균형을 유지한다면 아이의 재능을 키울 수 있습니다.

대한민국의
영재교육

우리나라는 정부와 지역 교육청이 주관하는 영재교육 시스템이 아주 잘 갖춰져 있습니다. 세계 최고이자 최대라고 할 수 있을 정도입니다. 영재교육의 역사도 이제는 제법 깁니다. 과학고등학교를 설립하기 시작한 지도 40년이 넘었고, 영재교육진흥법이 발효된 지도 20년이 넘었습니다. 정부는 단계별로 1, 2, 3, 4차 영재교육진흥종합계획을 수립, 국가 영재교육 프로그램의 기준을 만들어 왔습니다. 그리고 이 기준을 기반으로 영재교육의 교육과정을 개발하고 보급을 확대하는 노력을 기울여 왔습니다. 2023년 3월에는 5차 영재교육진흥종합계획을 발표하기도 했지요.

저는 해마다 국제수학올림피아드에서 대한민국의 영재교육에 대해 궁금해하는 여러 나라의 단장들을 만납니다. 그들에게 대한민국의 과학 영재교육 시스템에 관해 간단히 설명해 주면 다들 부러워합니다.

과학고등학교와 과학영재학교가 스물여덟 곳이라는 데 모두 놀라기도 하지요. 실제 우리와 곧잘 대비되는 미국이나 일본, 그리고 여러 아시아 국가들은 정부가 주도하는 공교육에 있어 대한민국만큼 방대하고 다양한 과학 영재교육 시스템을 갖고 있지 못합니다. 심지어 영재교육의 선진국이라고 알려진 이스라엘이나 핀란드조차 우리에 미치지 못합니다.

얼마 전에 르완다에서 열린 아프리카수학올림피아드(PAMO)에 문제 출제와 채점, 운영 등을 도와 주러 간 적이 있습니다. 아프리카의 단장들은 대한민국의 발전상을 아주 잘 알고 있고 대한민국 발전의 핵심 요인이 교육이었다고 평가하며 매우 부러워했습니다. 그들만이 아니고 전 세계 대다수의 나라들이 대한민국의 교육 환경을 부러워합니다. 우리는 경쟁의 과열을 걱정하지만 외국에서는 대한민국의 그런 '교육에 대한 열의' 자체를 부러워하지요. 그런 나라들의 교수들은 제가 대한민국의 사교육 문제에 대해 설명해 주면 공부를 더 하겠다는데 왜 문제가 되느냐는 식의 반응을 보입니다.

우리나라에 영재교육 시스템이 구축되기 시작하던 초기에는 정책과 시행에 있어서 교육부와 과학기술부의 공조에 다소 문제점이 있기도 하고, 교육과정에 부실한 점도 있었지만 지금은 그런 문제들이 많이 개선되고 있습니다. 다양하고 복잡한 영재교육기관의 프로그램과 역할이 점차 자리를 잡고 있으며 교육을 맡은 선생님들, 정부와 정부기관 관계자들의 전문성도 조금씩 좋아지고 있기 때문입니다. 또 한편으로는 한국교육개발원에서 운영하는 영재교육정보 종합관리시스템의 구축도 지난 10년간 큰 역할을 해 왔습니다. 영재교육종합데이터베이스(Gifted Education Database, GED)라 불리는 이 사이트는 정책결정자, 교육자, 연구자, 학생, 학부모 등 다양한 수요자에게 영재교육에 대한 체계적인 정보 및 서비스를 종합적으로 제공합니다. 이곳에는 각 학교, 영재교육기관의 담당자가 직접 데이터를 입력하도록 되어 있을 뿐 아니라 입학에 관련된 정보나 서류도 이곳에서 얻을 수 있습니다. GED에서는 매년 영재교육 통계 연보를 발표하고 있고 교육부, 통계청과도 데이터 연계를 하고 있습니다. 학부모들도 이 사이트를 잘 활용하면 좋겠습니다.

과학고등학교와 과학영재학교 외에도 중학생 또는 초등학생들을 대상으로 하는 다양한 영재교육원이 있습니다. 1998년에 대학 부설 과학영재교육원이 설립되면서 이를 기점으로 전국의 다양한 기관에서 영재교육원을 설치, 운영하고 있습니다. 현재 교육청에서 운영하는 영재교육원이 25개, 대학 부설이 90개(이 중 과학기술정보통신부 승인 27개)가 있으며, 영재학급도 1,118개가 있습니다.

영재교육기관은 2022년 기준 전국에 1,704개가 있고 영재교육 대상자는 7만 2,518명, 담당 교원은 1만 8,340명이 있습니다. 교육 대상자는 전체 학생의 약 1.4퍼센트로 양적인 규모 면에서는 가히 세계 최고라고 할 수 있습니다. 교육대상자와 담당 교원의 수는 2013년을 정점으로 꾸준히 줄고 있는데 그것은 영재교육 내실화 과정에서 발생하는 현상이라고 보는 것이 타당해 보이고 코로나19 팬데믹의 영향도 있었던 것 같습니다. 영재교육 대상자 중 수학·과학의 비중이 약 63퍼센트, 기타 발명, 외국어, 게임, 정보, 예술, 인문사회, 종합, 체육 등이 37퍼센트 정도 됩니다. 예를 들어, 국립국악고등학교에는 국악예능영재교육원이 있습니다.

전국 17개 시도 교육청 중 가장 규모가 크고 활발한 서울특별시 교육청의 영재교육원 운영 상황을 간단히 살펴보면, 강남서초교육지원청을 비롯하여 동부, 서부, 남부, 중부, 강동송파, 강서양천 교육지원청에서 각각 영재교육원을 운영하고 있습니다. 강남서초교육지원청의 경우에는 5개 협력 중학교를 지정해 그곳에서 영재교육을 실시하도록 하고 있고, 그중 초등학생은 수학, 과학, 융합정보 세 분야로 학생들을 선발해 4학년반(수과학융합반, 2개교 각 40명), 5학년반(수학반, 과학반 각 40명), 6학년반(수학반, 과학반, 융합정보반 각 20명)을 운영하고 있습니다. 과학 외에도 미술, 발명, 음악, 체육 영재교육도 실시 중입니다. 그 외에 과학고등학교에도 영재교육원이 있고, 과학전시관에도 본관, 남부, 남산, 동부 등에 영재교육원이 있습니다. 물론 서울에서 가장 잘 알려지고 역사도 긴 영재교육원은 서울대, 연세대, 서울교대 등의 대학 부설 과학영재교육원입니다.

교육청과 대학 부설 영재교육원만 살펴보자면 총 인원은 2022년 기준 4만 1,112명입니다. 이 중 초등학생은 2만 2,524명, 중학생은 1만 8,106명, 고등학생은 482명입니다. 전체 교육 대상자 중 73.7퍼센트를 교육청 부설에서 전담합니다. 분야는 수학, 과학, 수학·과학, 정보, 외국어, 음악 등 총 12개로 이루어져 있습니다. 12개 분야 4만 1,112명 중 수학은 7,010명, 과학은 8,593명, 수학·과학은 7,860명입니다.

수학과 과학 분야의 총 인원은 초등부 1만 2,099명, 중등부 1만 1,279명으로 초등학교부터 시작된 영재원 교육이 중학교로 이어진다는 것을 알 수 있습니다. 중등부 학생 수는 과학고, 영재학교 전체 선발인원 2,427명보다 약 4.6배 많습니다. 수학·과학 영재교육원 학생 중 남녀 비율에서는 남학생이 1만 4,849명, 여학생이 8,614명으로 남학생 63.3퍼센트, 여학생 36.7퍼센트입니다.

✎ 10세 전후 영재를 위한 교육 프로그램

초등학교 5학년 정도부터는 여러 영재교육원(주로 과학영재교육원)에 지원해 그곳에서 방과 후 또는 주말에 교육을 받을 수 있지만 그보다 어린 아이들은 국가의 도움을 받기가 어렵습니다. 그래서 그런 아이들을 상담하고 지도하는 사설 기관들도 꽤 생겨나고 부모들끼리 대화방이나 블로그도 만들어 소통하고 있습니다. 제가 지금까지 만나 본 8~10세 고도영재의 부모님들은 모두 아이의 재능을 어떻게 키워 줄지 고민이 많습니다.

이런 어린 고도영재 교육에 대한 공백을 메우고자 발표한 게 바로 5차 영재교육진흥종합계획(2023~2027)입니다. 이 계획은 '고도영재에 대한 국가 수준의 판별 기준'을 마련하고, '특성에 맞는 교육 지원 체계를 운영'한다는 것을 주요 내용으로 하고 있습니다.

이 계획에 따라 카이스트의 과학영재교육원에서는 2023년 여름부터 '고도영재 판별 및 육성을 위한 시범교육'을 시작했습니다. 초등학교 4학년 또는 만 9세 이하로 '수학' 분야에서 매우 특출한 재능을 보이는 아동 중 재능 수준에 맞는 교육적 지원이 필요한 아동(예컨대, 초등 저학년 아동으로 고등학교 2학년 수준의 수학 과정을 이해하는 정도)으로 기준을 제시했습니다. 온라인으로 지원받은 후 선발은 2단계로 이루어집니다. 1단계 문제해결력 평가에서는 매주 월요일 총 3회(3주) 문항 게시판에 문제를 게시한 후 문제를 풀게 하고, 2단계에서는 학생과 부모를 대상으로 면접과 상담을 실시합니다. 그렇게 선발된 학생들을 카이스트 수학과 교수님들 세 분이 만나서 수학 지도 및 멘토링을 실시하는 것이죠. 이 교수님들은 우리나라 최고 수준의 수학자일 뿐 아니라 저와 수학올림피아드 교육을 함께해 온 수학 영재교육의 경험이 풍부한 분들이라 누구보다 적임자라 할 수 있습니다. 교수 및 영재 출신 대학생과의 대면 지도 및 멘토링은 학기 중에 2~3회 실시하고 온라인으로도 교육 프로그램을 제공합니다. 또한 방학 때는 2박3일 캠프를 통해 심화 프로그램을 실시하지요.

나아가 교육부는 앞으로 국가 수준의 고도영재 전문 영재교육원을 지정, 운영할 계획도 갖고 있습니다. 또한 영재교육진흥법 내에 특례자 예외 조항을 신설하고자 합니다(교육부 용어로는 교육 대상이 되는 고도영재를 '특례자'라고 부릅니다). 신설될 조항은 첫째, 특례자로 선정된 후 별도의 영재교육기관으로 배치되지 않고도 일반 학교 내에서 고도영재의 특성을 고려한 예외를 허용하고, 둘째, 특례자로 선정돼 영재교육기관(과학영재학교 등)으로 배치됐을 때도 고도영재의 특성을 고려한 예외를 허용한다는 내용을 담고 있습니다.

카이스트의 2023년 시범교육 프로그램은 2006~2007년에 실시된 적 있는 '과학 신동 프로그램'과 유사합니다. 과학 신동 프로그램은 당시 초등학교 3학년 4명과, 2학년 1명을 선발해 한 한기 동안 주말마다 만나 수학과 과학을 지도하는 프로그램이었습니다. 그때 저도 그 교육 프로그램에 참여했는데 아이들이 배움과 발표에 적극적이고 머리가 아주 좋아 가르치는 것이 무척이나 재미있었던 기억이 납니다. 숙제를 통해 아이들의 사고법이 발달하는 과정을 관찰하는 것도 즐거운 경험이었습니다.

그 프로그램의 본래 목적은 영재들을 교육한 후에 그중 한 명만 선발해 '국가 신동'으로 지정, 지원하는 것이었습니다. 이 프로그램이 생긴 건 당시 국민 영재로 이름을 날리던 S군 때문이었습니다. 그때 과학기술부 장관은 S군이 만 8세에 입학했던 대학의 총장에게 S군의 교육에 필요한 재정적 지원을 해 주겠다고 약속을 했습니다. 실제로도 과학기술부의 지원이 이루어졌습니다. 그런데 정부 예산이 특정 개인에게 지원되는 것은 다소 비정상적이기 때문에 과학기술부는 해마다 국가 신동 한 명을 선발해 지원하기로 결정했고, 이 결정에 따라 프로그램이 시작된 것입니다. 이때 저는 과학신동선정위원회에 출석해 1명만을 선발하는 것은 비교육적이라며 반대했습니다. 아무리 신동이라도 같이 공부하고 경쟁할 동료가 필요하고 과다하게 대중에게 노출되는 것은 좋지 않다고 주장했지요. 따라서 영재성이 현저히 떨어지는 2학년 학생을 제외한 나머지 4명을 모두 선발해야 한다고 주장했습니다. 하지만 당시 사업을 주관하던 과학기술부 담당자들은 선정위원회에서 반드시 1명만을 선발해야 한다고 했습니다. 그래도 저의 주장에 동의해 준 위원장과 수학자 한 분 덕에 1명만을 선발하는 것은 부결됐고 그 이후 과학 신동 프로그램도 사라졌습니다.

과학 신동 프로그램은 비록 국가 신동 1명을 선정, 지원한다는 과학기술부와 카이스트 과학영재교육원의 기존 계획대로 이뤄지지는 않았지만 나름의 성과는 있었습니다. 한 학기 만에 그친 교육 프로그램임에도 어린 학생들에게 학습 동기와 의지를 심어 주었고 그때 서로알게 된 학생의 부모들은 연락을 주고받으며 고도영재를 키우는 데 필요한 정보를 교환할 수 있었기 때문입니다.

당시 학생들을 직접 가르치면서 여러 가지 일들이 있었습니다. 아이들이 어리다 보니 제가 뭔가 물어보면 서로 먼저 대답하려고 애쓰고, 경쟁적으로 칠판 앞까지 나와서 뭔가를 열심히 쓰던 모습도 떠오릅니다. 5명의 아이 중 2명은 선행학습이 잘돼 있고 머리도 아주 좋아서 뭐든지 척척 대답했습니다. 반면 K군은 늘 조용히 앉아 수업을 들었습니다. 대신 내주는 숙제는 꼬박꼬박 잘해 왔지요. 그러더니 학기가 끝날

즈음엔 공부를 잘하던 앞의 두 명을 거의 따라잡았습니다. 이 프로그램에 들어오기 전까지는 선행학습을 받은 적도 없다는 아이였습니다. 그리고 2년 반쯤 후에 한국수학올림피아드 계절학교에서 K군을 다시 만났습니다. 물론 그전에 아이가 수학에 빠져 본격적으로 수학경시대회 준비를 한다는 이야기는 들었습니다. K군은 서울과학고 1학년 때부터 3년 연속 국제수학올림피아드에 대한민국 대표로 참가해 세 번 모두 금메달을 받았습니다. 그리고 지금은 미국의 최고 대학 박사과정에 다니며 세계적인 수학자가 될 것으로 기대를 모으고 있습니다.

K군 외에도 당시 프로그램에 참여했던 학생들은 좋은 결과를 향해 나아가고 있습니다. 한 학생은 서울과학고에 다닐 때 한국수학올림피아드 최상위권에 있었고(20~30위권) 서울대학교 수학과를 졸업하고는 미국 최고 명문대학교 박사과정에 다니고 있습니다. 다른 학생은 어릴 때부터 식물에 관심이 많아 수많은 식물 이름을 알았는데 (당시 수학 영재만 선발한 것은 아님) 그도 후에 서울과학고를 졸업하고 서울대학교에 입학했습니다. 또 다른 한 학생은 수업 당시 초반 수학 실력이 가장 좋았던 학생인데 빠른 성장을 보였던 K군과 달리, 서울과학고 입시에 실패해 일반고로 진학했음에도 불구하고 한국수학올림피아드에서 늘 상위권에 있었습니다.

후에 이 학생들의 어머니들을 다시 만난 적이 있는데 예전의 그 과학 신동 프로그램이 아이들에게 아주 좋은 학습 동기를 부여해 준 것 같다고 입을 모았습니다. 특히 K군의 어머니는 제가 마지막 수업을 마치고 K군에게 "몇 년 후에 한국수학올림피아드 계절학교에서 보자."라고 했던 말이 K군에게는 큰 자극이 되었다고 이야기해 주었습니다. K군은 5학년 때 한국수학올림피아드 중등부 동상, 6학년 때 중등부 금상을 받았고, 중학교 1학년 때 이미 고등부 최상위권에 속했습니다. 중학교 2학년을 마치고 서울과학고에 입학한 K군은 1학년 때 국제수학올림피아드 대표가 됐는데 그때 벌써 대한민국 대표팀의 에이

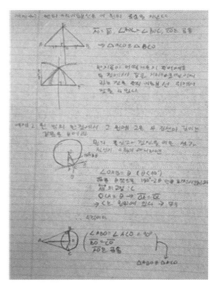

과학 신동 프로그램에서 K군이 제출했던 숙제

스였고 그해에 우리는 처음으로 국제수학올림피아드에서 종합 우승을 차지했습니다. K군이 참가한 첫 대회에서 그의 점수는 42점 만점에 40점이었습니다. 충분히 높은 점수이지만 한편으로 아쉬움이 남았던 게 원래 여섯 문제 중 3번, 6번이 어려운 문제이고 1번, 4번은 아주 쉬운 문제인데 쉬운 4번 문제에서 2점 감점을 받은 것입니다. 그 문제는 함수방정식의 해를 구하는 것이었습니다. 물론 해는 완벽하게 구했으나 마지막 단계에서 그 해가 주어진 조건을 만족한다는 것을 확인해야 하는데 그것을 하지 않아 2점 감점을 당한 것이었습니다. 원래 거의 모든 함수방정식 문제가 "이 해가 주어진 조건을 만족한다"는 문장 하나

만 있으면 만점을 받고 사실 K군도 분명하게 그 말을 썼습니다. 그러나 그 당시 4번 문제는 특이하게도 확인 과정에서 약간의 계산이 필요했고, 채점 기준에 확인 과정을 분명히 써야 2점을 준다고 명시돼 있었던 것입니다. 대표팀으로서는 1995년 이후에 최초로 만점이 나올 수 있는 상황이었어서 너무나 아쉬웠습니다. 하지만 K군 자신은 이에 대해 자신이 잘못했다는 걸 인정하며 전혀 아쉬워하지 않았습니다.

K군에게는 놀라운 천재성 외에도 성실함과 좋은 성품이 있습니다. 그러니 그가 앞으로 세계 최고 수준의 훌륭한 수학자가 될 거라는 건 믿어 의심치 않습니다. 운만 좀 따라 준다면 필즈메달 수상도 가능하다고 믿습니다.

과학 신동 프로그램의 예에서 볼 수 있듯이 정부가 계획하고 있는 어린 고도영재를 위한 교육 프로그램도 잘 운영되기만 한다면 긍정적인 효과를 거둘 수 있을 것으로 기대합니다. 이번에 교육부에서 발표한 고도영재를 위한 교육 지원 계획은 시의적절해 보이고 카이스트의 시범교육도 프로그램이 합리적이며 참여해 주시는 교수님들의 전문성도 좋습니다. 이를 통해 많은 10대 전후의 영재들이 보다 잘 성장해 나갈 수 있길 바라 봅니다.

📎 중고등부 영재를 위한 교육 프로그램

과학고등학교와 과학영재학교

초등학생, 중학생을 대상으로 하는 영재교육원은 전국에 많지만 대부분 교육 시간이 짧고 교육과정의 내실화도 이루어지지 않아 영재의 학습 욕구를 충족시키기에는 부족한 점이 많습니다. 그렇다 보니 과학영재교육에 있어서는 역시 과학고등학교와 과학영재학교가 중심 역할을 하고 있다고 볼 수 있습니다.

현재 전국에는 20개의 과학고등학교와 8개의 과학영재학교가 있습니다. 그런데 과학고와 영재학교의 '차별'로 인해 발생하는 문제가 심각합니다. 학생 선발의 방식과 대상자에 있어서의 차별 때문에 서울과학고만 일류 영재학교이고, 그 외의 영재학교와 서울 소재 과학고는 이류 영재학교(아마도 한국과학영재학교 등 일부는 1.5류), 나머지 과학고는 삼류 영재학교가 되어 있습니다. 영재학교는 신입생을 선발할 때 2차 지필고사를 거쳐 3차 시험에서는 1박 2일간 실험, 면접 시험을 보는 등 최대한 변별력을 살려 선발할 수 있고, 그 대상도 전국의 모든 중학생들입니다. 반면 과학고는 그 학교 소재 지역의 중학교 3학년 학생들만을 대상으로 '내신(과 간단한 면접)'으로만 선발할 수 있습니다. 이러한 차이는 후발주자인 나머지 7개의 영재학교가 한국과학영재학교의 입학시험 제도를 똑같이 받아들이면서 발생했고, 이로 인해 영재학교와 과학고 학생들의 수준 차가 크게 벌어지게 되었습니다. 이런 입학제도는 수도권 몇 개를 제외한 일반 과학고 학생들에게 '너희는 이류 영재다'라는 이미지를 심어 주고 있습니다. 그렇다 보니 일부 지역의 과학고는 영재교육기관으로서의 역할을 상실할 정도가 되었습니다. 그럴 바에는 막대한 국가 예산을 들여 전국에 28개나 되는 과학고, 영재학교를 설치할 이유가 없습니다. 이런 문제는 여러 해 전부터 지적돼 왔고 그래서 최근에 입학 제도를 조금 바꾸어 영재학교 중 하나만 지원하도록 하고 영재학교 입학생들에 대한 지역할당제를 도입하기는 했지만 근본적인 문제는 해결되지 않고 있습니다.

전국 최고의 영재들이 서울과학고(영재학교)에 지나치게 집중되는 것도 문제입니다. 수학올림피아드의 예를 들면, 서울과학고의 지나친 독식으로 인해 부산, 인천, 대구, 광주의 학생들 중 수학올림피아드 공부를 하는 학생들은 거의 사라지다시피 했습니다. 지방의 과학고, 영재학교 학생 중에도 수학올림피아드에 관심이 있는 학생들은 있지만 같이 준비하는 학생들이 있어야 서로 도움도 주고 경쟁심도 느끼며 공부하는데 그런 생태계가 사라져 버린 것입니다. 국제수학올림피아드 대표 학생들을 선발하기 위한 성적 사정을 할 때 보면 최상위권 학생들 수십 명은 모두 서울과학고 학생들이거나 중학생들입니다.

교육에서 지나친 동종교배는 좋지 않습니다. 그렇기 때문에 전국에 영재교육기관을 설치한 것입니다. 최고의 영재라고 선발돼 서울과학고에 입학한 학생들 중 반 이상이 과다한 학습 스트레스를 경험합니다. 정신적으로 힘들어하고 학습 의욕을 상실하기도 합니다.

영재학교와 과학고의 교육과정과 선발 방식에서 차별을 두는 것의 배경에는 아무런 철학이 없습니다. 영재학교 학생은 조기 졸업이 불가능하지만 과학고 학생은 조기 졸업이 가능하다는 점, 영재학교는 중학생이면 학년 불문하고 선발할 수 있지만 과학고는 안 된다는 점 등도 불필요한 차별입니다. 법과 행정적 보완이 필요한 대목입니다.

📎 교육공급자 중심의 과학 영재교육

과학 영재교육에 관한 일을 맡고 있는 사람들을 '교육공급자'라고 부르겠습니다. 교육공급자는 역할에 따라 크게 세 가지 부류로 나눌 수 있습니다. 첫째는 영재들을 직접 지도하는 선생님이나 교수이고, 둘째는 과학 교육에 관한 구체적인 정책을 입안, 제안하거나 과학 교육기관의 교육과정의 수립, 기관 평가 등에 참여하는 교수나 연구원이며, 셋째는 과학 영재교육을 총괄하고 지원하는 과학기술부, 교육부, 과학창의재단, 시도 교육청 등의 공무원입니다. 첫 번째 또는 두 번째 역할을 맡은 교수들 중에는 수학·과학 영재교육과 관련된 일을 맡기에는 경험, 성의, 자질 중 한 가지 이상이 부족한 분들이 꽤 있습니다. 교수라는 직책으로 인해 우연히 영재교육에 참여하게 되거나 자신의 위상을 제고하는 데 도움이 된다고 생각해 영재교육 사업으로 흘러 들어온 교수들도 있지요.

문제는 교육공급자들의 자기 영역 지키기입니다. 화학 전공자는 화학을, 생물학 전공자는 생물학을 지키기 위해 노력합니다. 과학기술정보통신부 승인 대학 부설 영재교육원의 예를 들자면, 중학교 2학년 학생들(선발은 1학년 2학기 때)을 대상으로 하는 영재교육에서 수학, 물리학, 생물학, 화학, 지구과학, 정보 과정에서 '똑같은' 인원을 선발해 가르칩니다. 이 틀은 대다수의 영재교육원에서 25년째 유지되고 있습니다. 중학교 1학년생들을 군이 수학 영재, 물리학 영재, 화학 영재, 생물학 영재, 지구과학 영재 등으로 구분할 필요가 없다는 것은 상식이지만 교육소비자인 학생들은 무조건 이 여러 분야 중 하나만을 선택해야 합니다. 초등학생이나 중학생의 경우, 수학이 사고력 · 문제해결력 등 영재성 계발에 있어 핵심적인 과목이고, 물리가 과학 교육에서 가장 중요한 과목인 것은 세계적으로 통용되는 기준에 가깝지만 우리나라에서는 잘 통하지 않고 있습니다.

과학영재교육원만이 아니라 수학 · 과학 올림피아드에서도 영역 이기주의가 존재합니다. 올림피아드는 모두 8개가 있습니다(10년쯤 전에 국제청소년물리토너먼트가 슬그머니 추가돼 이것까지 합치면 모두 9개입니다). 올림피아드는 과학정보통신기술부 산하의 한국과학창의재단을 통해 지원금을 받고 있습니다. 국내 대회 개최, 교육 등과 국제 대회 참가 등에 들어가는 비용을 정부로부터 지원받는 것입니다. 그런데 8개의 올림피아드가 규모에 상관없이 모두 똑같은 액수를 지원받습니다. 총액은 해마다 일정하기 때문에 각 올림피아드가 지원받는 금액이 매년 거의 동일합니다. 수학 분야가 올림피아드 참가자 수나 영재교육에 있어서 차지하는 비중이 천문학, 지구과학, 생물학보다는 더 클 텐데도 그것을 인정받지 못합니다. 현재 영재학교나 과학고의 교육과정 내에도 그런 '과목 배분'의 경향이 강하게 남아 있습니다.

　교육공급자가 가져야 할 최소한의 덕목은 '영재에 대한 순수한 호의와 관심'이라고 생각합니다. 너무나 당연한 이야기임에도 불구하고 안타깝게 현실은 그렇지 못합니다. "영재는 건방지다", "시험만 잘 본다고 똑똑한 것은 아니다", "영재성은 다 사교육의 소산일 뿐이다"라며 영재를 호의적인 시각으로 보지 않는 교육공급자들이 의외로 많습니다. 한때는 '수월성 교육은 좋지 않다'는 믿음 하에 "시험은 창의성을 해칠 뿐이다", "과학 실험 보고서를 평가하는 것으로 충분하다"라고 주장하는 사람들이 그룹을 이루어 과학 영재교육 전반에 걸쳐 제도와 교육과정 설계를 주도했습니다. 그 그룹의 리더 격인 한 교수는 논문을 통해 "우수한 과학자가 되는 데 지능은 그다지 중요하지 않다."라고 주장하기도 했습니다.

　일부 교육공급자들은 수학과 과학은 교육의 과정, 목표, 성격 등의 면에서 서로 크게 다르다는 것조차 잘 인지하지 못하거나 인정하지 않습니다. 수학은 사고력·문제해결력 등 영재성을 '시험'을 통해 평가하기가 용이합니다. 그리고 시험과 문제풀이만으로도 학생들의 수학적 사고력과 문제해결력을 계발할 수도 있습니다. 선생님들은 학생들이 써 놓은 답을 보고 학생들의 사고의 흐름, 사고의 수준, 창의력, 그리고 심지어는 심리 상태까지 상당 수준 파악할 수 있습니다. 수학과 과학의 이런 차이가 인정받아야 할 때가 이제는 도래했습니다. 미국,

유럽 등의 수학·과학 영재교육에서는 전혀 없는 문제가 우리 사회에는 아직도 남아 있습니다. 예를 들어, 동유럽 국가들의 전통 깊은 영재학교들은 주로 '수학학교'라는 이름을 갖고 있지만 굳이 수학이냐 과학이냐 하는 영역 다툼은 하지 않습니다.

여기서 고도영재(특례자)를 위한 교육 프로그램을 만들고 실시할 때 우리가 고려해야 할 몇 가지 사항을 짚고 넘어가면 좋겠습니다.

첫째, 교육부의 계획을 보면 "고도영재에 대한 국가 수준의 판별 기준을 마련한다"는 대목이 있습니다. 2023년 9월에 국회에서 열린 '고도영재, 국가가 어떻게 키울 것인가'라는 토론회에 저도 토론자로 참석했는데 그곳에서 패널 중 한 분이 "고도영재란 누구인가?"에 대한 명료한 답이 필요하다고 주장했습니다. 그분은 고도영재를 판별할 때 잠재적 능력을 기준으로 할 것인지, 아니면 교과 성취를 기준으로 할 것인지 명확하지 않다며 그것부터 정해야 한다고 말합니다. 여기서 고도영재의 판정을 잠재적 능력을 기준으로 해야 하는 것은 당연할 것입니다. 그런데 이 잠재적 능력을 지능검사의 '수치'로 인식하는 분들이 의외로 많습니다.

우리나라는 '기준'을 정하는 것을 매우 중시하고 그 기준은 대개 '객관적 근거'를 의미합니다. 아마도 뭐든지 주먹구구식으로 결정하던 옛 시절의 여파가 아닐까 싶습니다. 하지만 사안에 따라서는 객관적인 기준이나 근거 대신 '전문가 집단의 판단'이 더 좋은 경우도 많습니다. 20여 년간 한국수학올림피아드위원회를 주관하면서 경험으로 알게 된 것입니다. 뭔가를 결정할 때 무조건 수치나 데이터에 근거해야 공정하다고 생각하는 사람들이 많습니다. 그러나 그 위원회가 전문가 집단으로 이루어져 있고 그들이 설득력 있는 근거를 토대로 공정하게 논의해 그 내용이 기록에 남겨져 있다면 그 결정의 공정성과 합리성은 보장된 것으로 볼 수 있다고 생각합니다. 우리나라와 정반대의 문화를 가지고 있는 나라가 영국입니다. 영국에서는 구체적인 성문율은 적은 반면 전문가의 주관적 판단을 중시합니다. 우리나라 축구 국가대표는 축구 선진국들의 영향을 받아 그런지 감독과 그를 돕는 전문가들이 합리적인 데이터를 토대로 하되 결국 주관적인 판단을 통해 선발됩니다. 이와 유사하게 고도영재의 판정도 전문가로 이루어진 위원회를 구성하고 위원들이 각 영재의 특성을 충분히 살펴본 후에 결정하면 된다고 생각합니다. 특히 영재교육에서는 (물론 다른 분야에서도) 전문가 집단의 전문성을 신뢰하고 존중하는 것이 필요합니다.

둘째, 고도영재들을 위한 전일제 학교의 지정 여부에 대한 문제입니다. 한국교육개발원의 영재교육센터 소장인 최수진 박사는 초등학생 고도영재의 경우에는 전일제 프로그램보다 비전일제 프로그램이 더 적절하다고 말합니다. 그러면서도 그는 만일 전일제 프로그램을 운영한다면 현재의 영재학교 중 한두 곳을 고도영재 프로그램 운영 기관으로 지정하고 그곳에 고도영재를 위한 특별 교육과정을 만드는 방안을 제시했습니다. 그러면서 어린 고도영재들은 4년이나 5년 만에 졸업하는 안을 제안했습니다. 예를 들어, 서울과학고에서 10세 전후의 어린 영재들을 선발해 교육시키되 4~5년 만에 졸업을 시키는 것입니다. 하지만 문제는 기존의 영재학교 학생들과의 괴리를 어떻게 해결할 것인가 하는 것입니다. B군 사건과 같은 불협화음이 발생할 가능성이 있습니다. 자기 자신도 어릴 때 고도영재였던 영재학교 학생들도 다수 있기 때문입니다. 그런 문제 때문에 다른 대안으로 새로운 영재학교를 또 설립한다면 이는 기존의 영재교육 체제를 무력화시킬 염려가 있습니다. 그래서 더 좋은 안이 나오기 전까지 전일제 교육은 어려움이 많습니다.

현재 영재학급이나 영재교육원 교육을 실시하고 있는 초등학교 중 몇 개를 지정해 기존 학생들보다 더 어린 고도영재를 위한 교육 프로그램을 만들거나 일부 대학 부설 과학영재교육원의 역할을 확대하는 방안을 마련할 수는 있을 것 같습니다. 이 방안 마련에는 카이스트 과학영재교육원이 해야 할 역할이 큽니다. 이곳에서 실시하기 시작한 수학 고도영재 시범교육 프로그램 외에도 기존의 '카이스트 사이버 영재교육' 프로그램을 좀 더 확대해 고도영재를 위한 특별 교육 프로그램을 만들고 그것의 내실화·전문화가 이루어지면 좋겠습니다.

셋째, 지속성 문제입니다. 그동안 고도영재에 대한 교육은 사회적 이슈에 따라 부침이 있어 왔습니다. 전국적으로 유명한 영재가 나오면 그로 인해 고도영재에 대한 사회적·정책적 관심이 급격하게 높아졌다가 사교육과 선행학습 문제가 사회적 이슈가 되었을 때는 급격히 위축되는 현상이 되풀이되어 온 것이지요. 전문성 축적의 필요성과 학생들의 긴 성장 과정을 고려할 때 정책적인 관심과 지원이 지속적으로 이루어져야 할 것입니다.

📎 사교육과 선행학습

"수학, 과학을 잘하려면 정말 선행학습이 효과가 있나요?"라는 질문을 종종 받습니다. 영재나 고도영재의 경우 학습 의욕이 워낙 강하기 때문에 선행학습을 하지 않는 것이 오히려 어려운 일입니다. 우리 사회의 고질적 문제인 사교육과 연관된 부분이라 선행학습을 권하는 뉘앙스가 어쩐지 조심스럽지만 영재들의 경우에는 어쩔 수 없는 일입니다.

공부 좀 하는 아이를 둔 부모가 다음으로 물어보는 건 "선행학습을 얼마나 해야 하나요?"입니다. 이 질문엔 두 가지 뜻이 담겨 있습니다. 몇 학년 정도를 앞질러야 하느냐와 아이가 몇 학년이 될 때까지 선행학습을 해야 하느냐이지요. 특히 초등학교 6학년이나 중학교 1학년 자녀를 과학영재학교에 보내고 싶어 하는 부모들이 현실적으로 궁금해하는 부분입니다.

선행학습을 하는 이유는 당장 유리하기 때문입니다. 영재학교 입학 시험에는 선행학습을 한 학생이 더 유리하지 않도록 최선을 다해 문제를 출제합니다. 일반 학교 시험에서도 요즘에는 교과과정을 벗어나는 문제를 출제하는 걸 범죄로 취급할 정도로 엄격하지요. 그래서 학교

수학 선생님들은 매우 조심합니다. 예전에는 많은 선생님들이 교육과정을 벗어나지 않으면서도 창의적 사고를 요하는 문제를 출제하려고 노력했다면 지금은 그런 분위기가 없습니다. 학교뿐 아니라 영재학교 입학시험에서도 단지 '창의성'만 평가한다고 하지만 현실은 선행학습을 한 학생들이 하지 않은 학생들보다 유리합니다. 선행학습의 효과를 '지식을 미리 배우는 것' 정도로 이해하는 분들이 많은데 사실 선행학습을 하면 지식 외에도 '수학적·과학적 사고력과 통찰력'이 증진되는 효과가 있습니다.

만약 아이가 보통 수준의 영재(상위 2퍼센트 이내)라면 1년 이상 선행학습을 하는 건 일반적으로 좋지 않다고 생각합니다. 물론 학생의 지적 능력이나 학습 의지에 따라 선행의 효과가 다르기 때문에 선행의 좋고 나쁨에 대해 누구에게나 통하는 정답은 없습니다. 그래도 한 가지 일반적인 이야기를 하자면 대다수의 영재들은 자기 학년에서 배우는 내용을 심화하여 공부하는 것이 상위 학년의 내용을 미리 배우느라 학습 에너지와 시간을 소진하는 것보다 '장기적'으로는 더 좋을 가능성이 높습니다.

축구나 야구의 경우, "중고등학교 팀들이 너무 당장의 승부에 매달린다."라는 문제점을 지적하는 사람들이 많습니다. 어린 선수들이 당장 써먹을 수 있는 기술이나 전술보다는 미래를 바라보고 기초적인 실력이나 체력을 기르는 것을 중시해야 한다는 지적입니다. 이것을 최근 한국 축구가 일본보다 약해진 원인으로 꼽는 사람들도 있지요. 수학과 과학을 공부하는 과정도 이와 같습니다. 우리 아이에게 장기적으로 어떤 게 더 중요하고 필요한지를 모색하고 당장의 등수에 연연해하지 않는 대범한 마음가짐을 갖도록 해야겠습니다.

학원이 선행학습을 부추긴다고 생각하는 사람들이 많지만 학원 측 이야기는 조금 다릅니다. 저와 가까운 제자들 중에 학원 강사와 원장들이 꽤 있는데 그들의 공통적인 불만은 부모들이 선행을 지나치게 요구한다는 것입니다. 선행학습이 오히려 맞지 않을 아이들의 부모조차 무조건 선행학습을 원한다고 합니다.

수학올림피아드 고등부 최상위권 학생들 중에는 중학교 때 강남의 유명 학원에 다녔던 학생들이 많습니다. 서울의 다른 교육 특구인 목동이나 분당, 용인 등에 있는 경시대회 학원도 강남의 유명 학원과는 상대가 되지 않습니다. 부산이나 대구는 말할 것도 없고요. 그럼 진짜 강남의 유명 학원에 다니면 무엇이 더 좋을까요? 그런 학원에 가면 학생들이 더 좋은 내용으로 더 잘 배울까요? 학생들이 배우는 내용이 더 좋거나 더 많은지는 제가 직접 비교해 보지는 않았습니다. (지난 20년간 축적된 대한수학회의 한국수학올림피아드 통신강좌의 교재가 학원가로 흘러 들어가 중요한 강의 자료로 활용되고 있다는 이야기는 들었습니다.) 다만 분명한 것은 그곳에 가면 자기보다 수학을 훨씬 더 잘하는 학생들을 만날 수 있습니다. 잘하는 애들끼리 모일 수 있다는 것 자체가 이점인 셈입니다.

누군가 어느 유명한 수학 영재를 가리키며 "쟤가 그 유명한 ○○○

이야." 하면 '나도 저렇게 되어야지!' 라는 의지가 불타오릅니다. 그런 것이 없더라도 기본적으로 재능이 출중한 학생은 자기보다 더 잘하는 학생과 한 공간에서 숨만 같이 쉬어도 실력이 늡니다. 그것은 수학만이 아니라 음악, 운동 등 뭐든지 그렇습니다. 미국 최고 대학교의 박사 과정에 유학을 가면 좋은 이유도 그곳에서 유명한 수학자와 뛰어난 동료를 만날 수 있기 때문입니다.

강남 유명 학원이 갖는 (교육 자체 이외의) 또 다른 이점은 그곳에서 영재교육원이나 영재학교 입학과 관련된 중요한 정보를 얻을 수 있다는 점과, 다른 영재 어머니들과의 인적 네트워크에 들어갈 기회가 생긴다는 점입니다. 이 이점이 영재학원의 빈익빈 부익부 현상을 가속화시키는 가장 큰 요인일지도 모릅니다. 우리나라는 정부가 나서서 세계 최대 규모의 영재교육 기관들을 설치, 운영하고 있습니다만 역설적이게도 "우리나라 영재교육은 사교육이 맡고 있다."라고 말하는 사람들이 있습니다.

교육부의 교육 정책 중 최우선은 사교육 억제입니다. 그런데 과학영재들에 대한 교육은 과학기술정보통신부가 주도하고 있습니다. 과학 올림피아드도 과학기술정보통신부 산하의 과학창의재단에서 지원하고 있고요. 그러니까 교육부는 올림피아드 억제 정책을 펼치고 있고, 과학기술정보통신부는 올림피아드를 지원하고 있는 셈입니다. 정부 부처 간 정책 조율이 절실한 상황입니다. 예전에 국제과학올림피아드 발대식 직전에 열린 간담회에서 당시 한국과학창의재단 이사장은 "사교육은 블랙홀이에요. 교육에 대한 모든 이슈를 그것이 다 빨아들이죠."라고 말했습니다.

영재교육의 세부 방법과 방향은 분야, 연령, 목표, 환경에 따라 달라야 합니다. 특수 교육이기 때문에 영재의 특성에 따라 유연하게 교육해야 합니다. 수학이 중요할 수도 있고, 실험이나 관찰이 중요할 수도 있고, 또 어떤 학생은 수학·과학보다는 인문학적 소양을 기르는 것이 더 중요할 수도 있습니다. 선행이나 월반도 학생에 따라 그 효과가 다를 것입니다. 영재교육과 관련해서는 무엇이든 지나치게 일반화할 필요가 없습니다. 그런데 어린 나이의 고도영재라면 사교육의 힘을 빌릴 수밖에 없습니다. 영재교육원에 보내기에는 너무 어리고 학교에서는 그들의 학습 의욕과 호기심을 맞춰 줄 수 없기 때문입니다. 어린 고도영재들에 대한 사교육의 필요성은 탁월한 음악성을 가진 음악 영재에 대한 레슨의 필요성과 유사한 것으로 받아들여야 할 것 같습니다.

📎 영재교육과 엘리트교육

간혹 영재교육과 엘리트교육을 혼동하는 사람들이 있습니다. 저는 영재교육은 꼭 필요하다고 생각하지만 엘리트교육은 그렇지 않다고 생각합니다. 영재교육과 엘리트교육은 완전히 다릅니다. 영재교육은 상위 1퍼센트 정도의 영재들에게 특별한 교육의 기회를 제공해 주는 것이고, 엘리트교육은 일부 고등학교들을 수준에 따라 서열화한 뒤

상위 20퍼센트 내외의 학생들을 학력에 맞춰 배분해 가르치는 것입니다. 엘리트교육의 반대말은 평준화 교육입니다. 잠시 영재교육을 떠나 일반 학교 교육에 대한 이야기를 해 보겠습니다.

우리나라 학생들은 놀 시간도 없고 취미생활을 할 시간도 없이 학업에 매달리는 '교육 지옥'에 빠져 있습니다. 학생들의 과다 학습과 사교육 문제는 교육 자체만의 문제가 아니라 우리 사회의 심각한 저출산 문제와도 연관이 있습니다.

사교육과 과다 학습 문제를 생각할 때 기성세대의 상당수는 '대학 입시'를 떠올립니다. 아마도 자신들 학창시절의 강렬한 기억 때문일 것입니다. 그래서 그들은 교육 문제를 대학 입시 제도를 이리저리 바꾸거나 대학수학능력시험 문제를 바꾸는 것으로 해결하려고 합니다. 얼마 전에는 대통령이 직접 나서서 대학수학능력시험에서 킬러 문항을 없애라고 지시하는 일도 벌어졌습니다. 이것이 사교육을 줄이는 효과를 가져올 수 있을지, 킬러 문항이란 것이 진짜 공교육의 범위를 벗어난 것인지 등은 차치하고, 대학수학능력시험 문제를 개선하려는 시도 자체가 사교육 문제의 핵심을 벗어난 것이라 할 수 있습니다.

대다수 어른의 생각과 달리 사교육과 과다 학습 문제의 핵심 대상은 고등학생이 아니라 중학생이나 초등학교 고학년생입니다. 통계청이 발표한 자료를 보면 사교육을 가장 많이 받는 학년은 초등학교 6학년과 중학교 3학년입니다(고등학생도 1학년이 3학년보다 사교육 비율이 더 높습니다). 즉, 우리의 '불쌍한' 아이들은 고등학생들이 아니라 그보다 어린 학생들인 것입니다. 고등학생들은 이미 머리가 커서 부모 마음대로 사교육을 시키는 것이 쉽지 않지만 어린 학생들은 다릅니다. 10대 초중반은 한창 친구들과 어울려 놀고 다양한 활동을 함으로써 사회성과 기초 소양을 키워야 할 때인데 학생들은 과다 학습에 내몰리고 있습니다.

이런 상황은 근본적으로 엘리트교육과 관련이 있습니다. 전국에 특목고, 자사고가 너무 많은 데다가 중학교 교육과정까지는 사교육을 통해 '선행학습'을 한 학생들이 절대적으로 유리하기 때문입니다. 현재 과학고등학교, 과학영재학교 외에도 소위 명문 자사고로 불리는 전국 단위 자사고가 11개 있고, 광역 단위 자사고는 23개가 있습니다. 그 외에도 국제고 8개, 외국어고 32개가 있습니다. 2017년에 실시한 자사고, 외국어고 폐지에 대한 여론조사에 따르면 폐지 찬성은 52.5퍼센트, 반대는 27.2퍼센트입니다. 그러한 여론에 힘입어 교육부와 일부 지역 교육청이 자사고와 외국어고 폐지 정책을 실행에 옮겼지만 법원에서 이 정책이 부당하다는 판결을 잇달아 내는 바람에 폐지가 사실상 불가능해졌습니다.

고교평준화를 당장 시행하면 다음과 같은 두 가지 부작용이 발생할 것이라는 사회적인 통념이 있습니다. 첫째는 지역 간 불평등입니다. 예전의 강남 8학군 문제와 같이 학생들이 사는 지역에 따라 학력 차이가 나고 서울의 경우, 강남 3개구의 집값이 치솟을 것입니다. 하지만 이 문제는 대학 입시에서 지역균등 또는 학교균등의 비율을 높이는 방안, 수시전형에서 학생부종합전형보다 학교 내신을 중시하는 학생부교과전형의 비율을 높이는 방안 등으로 보완할 수 있다고 믿습니다.

둘째는 하향평준화입니다. '고교평준화는 하향평준화를 가져온다'는 데 저는 동의하지 않습니다. "공부를 잘하는 학생들만 모아 가르치면 좀 더 효율적인 교육이 가능하다."라는 건 사회적 통념이지만 그것이 반드시 맞는 말이라고는 할 수 없습니다. 제가 중학교 3학년이 되던 해 초 정부는 전국 고등학교의 평준화 정책을 발표했습니다. 서울과 부산 같은 대도시뿐만 아니라 전국의 명문고등학교들이 없어지고 모든 고등학교가 추첨으로 학생들을 선발하는 것이었습니다. 즉, 뛰어난 영재들도 보통 학생들과 한 교실에서 수업을 받게 된 것입니다. 그렇다면 과연 '하향평준화'가 일어났을까요? 만일 일어났다면 당시 서울대학교 입학생들의 입학 성적이 그전에 비해 뒤처졌어야 하는데 그렇지 않았습니다. 실은 제 동기와 후배들의 성적이 오히려 선배들보다 더 좋았습니다. 학습 의지도 더 강했던 것 같습니다. 저희는 대학 다닐 때 교수님들로부터 "너희 학번이 선배들보다 우수하다."라는 이야기를 자주 들었습니다.

사회적 통념과 달리 하향평준화가 일어나지 않은 건 영재들에게는 '공부 잘하는 애'라고 주변에서 치켜세워 주는 것이 학습 의지를 더 강화하는 효과를 줄 수 있기 때문입니다. 게다가 일반 학교는 '이것저것'을 배울 수 있는 장점이 있습니다. 저는 학교 다닐 때 공부를 잘하는 편이었지만 제가 일반 고등학교를 다녔기 때문에 학업이 덜 효율적이었다거나 과학고등학교를 다녔다면 더 훌륭한 수학자가 되는 데 도움이 되었을 것이라고는 생각지 않습니다. 다행히 조만간 '고교학점제'가 실시됩니다. 대학처럼 수강신청을 해서 과목을 듣게 되는 것입니다. 그렇게 되면 수준별 수업이 좀 더 용이해질 수 있을 것으로 보입니다.

과학고등학교와 과학영재학교는 필요하고 이 학교들이 그동안 우수한 과학자 양성에 대해 큰 역할을 해 온 것도 사실입니다. 하지만 이 외에도 전국적으로 소위 명문고등학교의 수가 너무 많다고 생각합니다. 명문고가 많다 보니 그런 학교에 입학하지 못하면 낙오자라는 인식이 퍼져 있습니다. 그래서 학부모들은 초조해하고 아이들은 초등학생 때부터 사교육에 내몰립니다. 그런데 정부의 정책은 정반대 방향으로 가고 있습니다. 얼마 전에 과학기술정보통신부는 앞으로 과학영재학교를 2개 더 설립하겠다고 발표했습니다. 학생을 위한 교육과 제도가 무엇인지 다시금 심도 있는 대화와 연구가 필요한 때입니다.

{ 미국과 일본의
  영재교육

영재교육의 해외 사례를 살펴보는 건 우리 교육의 현재를 되돌아보는 중요한 의미를 갖습니다. 생각보다 많은 사람들이 대한민국의 영재교육 시스템에 대해 오해를 갖고 있습니다. 대표적인 것이 "대한민국은 획일적인 주입식 교육을 하는 반면, 미국은 학생들의 개성에 따라 유연하게 교육을 한다."라는 것입니다. 일반 학생들의 학교 교육에서는 실제 그럴지 모르지만 영재교육에 있어서만큼은 이야기가 좀 다릅니다. 따라서 이번에는 미국과 일본의 영재교육 시스템을 살펴보며 우리와 얼마나 같고 또 다른지 우리가 나아갈 방향이 무엇인지에 대해 살펴보고자 합니다.

✐ 미국과 우리 교육의 차이

영재교육에 관해 미국과 대한민국은 각자 몇 가지 장단점이 있습니다. 교육 시스템상 두 나라의 가장 두드러지는 차이는 대한민국은 정부의 주도하에 다양한 영재교육기관이 설치, 운영되고 있는 반면, 미국은 일반 학교 내에서 우수한 학생들이 수학(또는 물리) 과목에서 상위 과정 또는 심화 과정을 들을 수 있다는 점입니다. 또한 미국에는 주정부와 협력하는 민간단체인 주영재협회가 주마다 있으며, 대학교나 민간기관들이 독립적으로 주관하는 영재교육 프로그램이 운영됩니다.

대한민국의 어린이들은 공부 잘하는 것을 최고의 가치로 인정받는 문화에서 자랍니다. 학교에서는 공부를 잘하는 학생이 최고입니다. 공부를 잘하면 친구들이나 선생님들이 존중해 줍니다. 공부 잘하는 아이는 웬만한 건 다 용서가 되기도 합니다. 행동이 좀 특이해도, 수업시간에 가르치는 내용과 상관없는 엉뚱한 질문을 해도, 운동을 전혀 할 줄 몰라도, 노래를 부를 줄 몰라도 상관없습니다. 다른 데 좀 서툴러도 공부 잘하는 아이는 주변에서 늘 훌륭한 아이라고 칭찬해 줍니다. 그래서 고도영재들이 학교생활에 적응하는 데 있어서는 오히려 미국보다 좀 더 쉬운 편입니다.

미국에서는 아무리 똑똑하더라도 행동이 이상하면 주변 학생들도 선생님들도 그 아이를 그리 좋아하지 않습니다. 너드(nerd)들은 놀림의 대상이 될 뿐입니다. 그래서 고도영재에게는 학교생활에 잘 적응하는 것이 공부를 잘하는 것보다 우선시됩니다. 영재의 부모는 학교에서 상담할 때 교사로부터 "어쨌든 아이는 아이입니다. 아이에게 영재성이 있다는 것은 그다음입니다."라는 말을 듣게 되지요.

또한 미국은 예상과 달리 우리보다 영재들의 속진과 월반에 대해 보수적인 편입니다. 미국과 한국 영재교육 전문가들의 공통적인 지적은 "월반은 특수한 경우에 한해 매우 조심스럽게 해야 한다."입니다. 물론 이 이슈에 대해서는 어느 영재에게나 해당되는 객관적인 원칙이란 있을 수 없을 것입니다.

미국이나 유럽에서는 전통적으로 사회성을 중시하고 남들이 불편하게 느끼는 행동을 하는 것을 극도로 싫어합니다. 특히 미국의 중상류층 사람들은 예의범절을 매우 중시하지요. 제가 미국에서 공부할 때 추수감사절을 맞이해 아내의 지도교수님 집에 초대되어 간 적이 있습니다. 그곳에서 교수님 부부, 아들과 딸들의 부부 등 10명가량이 같이 저녁을 먹었는데 그들의 엄격한 식사 예절을 따라하는 게 무척 어렵게 느껴졌습니다. 서로 자유롭게 웃고 떠들며 식사를 하는 중에도 각자 접시에 음식 덜기, 다른 사람에게 음식이 담긴 큰 그릇을 넘겨 달라고 요청하거나 요청에 따라 넘겨 주기, 건배하기 등이 의외로 따라하기 어려웠습니다. 그중 가장 어려웠던 건 식사 중에 포크와 칼이 식기에 부딪히는 소리나 식기끼리 부딪히는 소리를 내지 않는 것이었습니다. 그런 엄격한 식사 예절은 어려서부터 받은 훈련을 통해 익힌 매너일 것입니다.

미국이 우리나라보다 사회성을 중시한다 하더라도 미국 영재교육의 궁극적인 목표 역시 학업 성취입니다. 따라서 초등학교 때 학습 동기를 잘 갖도록 유도하는 것은 중요한 이슈입니다. 각종 영재학회나 영재교육기관들이 가장 많이 신경을 쓰는 부분이지요. 미국에서도 아시아계 아이들은 공부를 잘하는 편입니다. 학업 성적이 최상위권인 학생들 중 상당수가 아시아계 아이들입니다. 미국의 국제수학올림피아드 대표단 단장이자 수학 대중화에 공헌하는 카네기멜론대학교의 포션 로Po-Shen Loh 교수가 운영하는 온라인 수학 교육 프로그램이나 전국 순회 수학 행사에도 참가자의 반 이상이 아시아계입니다. 국제수학올림피아드 미국팀의 대표 학생도 최근 몇 년째 전원 아시아계이지요. 타이거 엄마의 위력 때문이기도 하지만 무엇보다 학업에 큰 가치를 두는 아시아의 전통 때문일 것입니다.

반면 미국의 강점은 높은 문화 수준입니다. 합리적인 사고와 행동을 하는 사람들을 주변에서 흔히 접할 수 있고, 훌륭한 박물관·미술관·도서관이 많지요. 제가 가장 부러워하는 것 역시 박물관입니다. 대도시마다 있는 과학박물관에는 놀랍도록 좋은 전시물들이 학생들의 과학적 호기심을 자극합니다. 워싱턴D.C.에 있는 스미소니언 박물관 그룹에는 과학박물관, 역사박물관, 미술관 등이 있고, 뉴욕 메트로폴리탄 미술관은 그 규모가 어마어마합니다. 과학박물관에서 인류의 진화 과정, 생태계와 지구의 역사 등을 실감나게 볼 수 있고, 우주탐사선과 관련된 전시물과 탐사선이 가져온 화석도 확인할 수 있습니다. NASA 박물관에서는 인류 우주 탐사의 역사와 현황을 살펴볼 수도 있지요.

　이런 문화 수준 외에 탐나는 게 하나 더 있습니다. 바로 영재교육 전문 인력의 필요성에 대한 인식과 그에 따른 노력입니다. 대한민국은 세계 최대 규모의 영재교육기관을 설치, 운영하고 있지만 교육을 담당할 전문 인력을 양성하는 노력은 미흡한 편입니다.

　미국은 지능검사의 본고장입니다. 우리나라보다 지능검사를 중시하는 편이지요. 여기에는 아이들이 어려서부터 공부를 열심히 하는 분위기가 아니다 보니 학업성취도를 통해 잠재력을 평가하기가 어려워서 별도의 검사가 필요하다는 점도 작용했을 것입니다. 우리나라는 웩슬러 검사를 많이 쓰는 반면, 미국에서는 기관마다 사용하는 검사가 다양합니다. 예를 들어, 전국영재학회(NAGC)에서는 아이오와 기초능력 시험(Iowa Tests of Basic Skills, ITBS)을 주로 씁니다.

　이런 미국에도 영재들을 위한 사교육 기관이 있습니다. 오프라인과 온라인 교육 프로그램이 모두 있는데 아무래도 오프라인 교육의 효과가 큰 편입니다. 대표적인 사교육 기관으로는 캘리포니아 패서디나의 교육진흥원(IEA), 버지니아 알링턴의 특별한 어린이들을 위한 위원회(CEC), 네바다의 데이빗슨 영재교육원(DITD)이 있습니다. 요즘에는 아스트라 노바(Astra Nova)라고 하는 온라인 전용 사립 영재학교도 제법 유명합니다. 주로 초등학교 고학년을 대상으로 하는 이곳은 전일제 또는 비전일제 모두 가능하며 원하면 세계 어느 나라의 학생도 교육을 받을 수 있다는 이점이 있습니다.

대한민국에도 영재교육을 위주로 하는 사설기관들이 있지요. 가장 오래되고 규모도 큰 기관(학원)은 KAGE일 것입니다. 원래는 CBS영재교육학술원으로 시작했는데 그것이 확대돼 KAGE가 됐고 현재는 전국적으로 여러 개의 분원을 갖고 있습니다. CBS영재교육학술원도 남아 있긴 합니다. 이외에도 여러 국제 경시대회 참가와 그를 위한 교육을 주로 하는 한국영재교육평가원(KGSEA)이라는 기관도 있습니다. 이곳을 통해 학생들은 미주별수학리그(ARML), 국제수학팀대회(WMTC), 하버드MIT수학토너먼트(HMMT), 프린스턴대학교물리대회(PUPC), 미국수학경시대회(AMC) 등의 시험에 참가하거나 이를 위한 교육을 받습니다. 이외에도 GES영재교육센터와 이곳에서 운영하는 학부모 커뮤니티인 이든센터가 있습니다.

✏ 미국의 영재교육

앞에서 서울과학고를 자퇴한 B군에 대한 이야기를 했습니다만 이에 대해 "B군을 미국에 보냈어야 했다. 미국이라면 B군의 재능을 존중하고 그에 맞게 잘 키웠을 텐데 대한민국은 획일적인 교육을 한다. 대한민국에서는 그와 같은 탁월한 영재는 키우기 어렵다."라고 말하는 사람들을 많이 보았습니다. 최근의 한 신문사 인터뷰에서도 담당기자가 저에게 이와 같은 질문을 했는데 그에 대해서 저는 "B군이 미국에 간다면 갖게 될 언어 문제와 문화적 차이로 인한 어려움은 일단 차치하더라도 그 아이의 학업 성취가 주요 목표라면 저는 대한민국이 미국보다 못하지 않다고 생각합니다."라고 답했습니다.

대한민국이든 미국이든 고도영재의 부모들이 느끼는 가장 큰 어려움은 아이가 5~10세일 때 도움받을 곳이 거의 없다는 점입니다. 다만 차이가 있다면 이 시기 미국의 부모들은 아이의 학업보다는 정서 안정과 사회성에 더 관심이 많은 반면, 대한민국의 부모들은 보다 빨리 학습 능력을 증진시키는 데 관심이 많다는 점일 것입니다.

미국에는 영재교육에 대한 학문적 연구가 매우 활발한 편입니다. 그래서 영재교육을 연구하는 학회도 많습니다. 가장 대표적인 학회가 전국영재학회입니다. 또한 주마다 주영재학회도 있지요. 예를 들어, 캘리포니아에는 캘리포니아영재학회(California Association for Gifted Children)가 있는데 이곳은 주정부, 일선 학교와 밀접한 협조 관계를 맺고 있습니다. 각 주의 영재학회는 전국영재학회뿐 아니라 다른 주의 영재학회와도 잘 연계돼 있습니다.

영재교육에 대한 학술적인 연구는 심리학회에서도 하고 있으며 대표적으로는 미국심리학회의 영재교육 분과가 있습니다. 세계영재아동위원회(WCGTC)는 웨스턴켄터키대학교에 본부가 있는데 미국 · 영국 · 이스라엘 등 여러 나라가 참여하는 다국적 학회이고 2년마다 월드콘퍼런스(World Conference)라는 이름으로 대규모 국제학술대회를 개최합니다. 이런 학회들과 대학교의 영재교육학과들이 학술적 연구 외에 영재교육을 위해 실질적으로 하는 일은 영재교육 프로그램 개발과 영재교육 전문가 양성입니다. 우리도 한국영재학회, 한국과학영재학회, 한국영재교육학회 등이 있습니다만 인적 규모와 활동 범위는 미국에 비해 아주 작은 편입니다.

고등학생을 대상으로 하는 영재교육의 경우, 대한민국은 그 핵심이 과학고등학교, 과학영재학교라면 미국 영재교육의 핵심은 AP(Advanced Placement) 코스라고 할 수 있습니다. 이 코스는 고등학생들에게 대학 또는 대학 수준에 해당하는 과목을 제공하는 것입니다. 이는 학생들이 나중에 좋은 대학교에 입학하는 데 활용될 수 있기 때문에 영재들에게는 필수 코스라고 할 수 있습니다. 좀 더 어린 학생들을 위한 Pre-AP 프로그램도 있습니다.

예전에는 중고등학생들을 위한 이러닝(e-learning) 코스로 스탠퍼드대학교의 영재교육 프로그램(EPGY)이 유명했지만 2018년에 문을 닫았고, 원래 이보다 광범위하던 스탠퍼드대학교 전단계 과정(Stanford Pre-Collegiate Studies)이라는 프로그램이 유지되고 있습니다. 사실 미국에서는 전단계(Pre-College) 프로그램이 우리보다 활성화돼 있어서 대부분의 메이저 대학교들이 이런 프로그램을 운영하고 있습니다.

거의 모든 메이저 대학교가 대학 차원 또는 학과나 교수 개인 차원에서 지역의 고등학교들과 연계해 AP 프로그램을 운영하고 있지만 이와 별개로 (우리나라와 유사하게) 대학 부설 영재교육센터를 운영하는 대학들도 꽤 있습니다. 그중 대표적인 교육센터는 존스홉킨스대학교의 영재캠프(CTY), 듀크대학교의 미국영재아동협회(AAGC), 퍼듀대학교의 영재교육연구원(GERRI), 코네티컷대학교의 렌줄리창의 · 영재교육 · 인재육성센터(RCCGETD)입니다.

　미국 영재교육의 중요한 특징은 초 · 중 · 고교 학생들이 학교에서 수학 또는 과학의 수준별 수업이 가능하다는 점입니다. 미국의 학교 교육과정은 주마다, 지역마다, 학교마다 다르기 때문에 일률적으로 말하기 어려운 점이 있습니다만 상당히 많은 학교에서 학생들의 수준에 따라 심화반 또는 상급반에 들어가서 수업을 받을 수 있도록 운영하고 있습니다. 예를 들어, 제가 예전에 살던 오하이오의 한 카운티에서는 모든 초 · 중 · 고교의 수학 수업이 오후 2시에 시작했는데 이를 통해 한 학교 내에서도 수준별 수업이 가능하지만 이웃한 상급 학교에 가서 수업을 받을 수도 있었습니다.

✐ 영재들의 정서적 요구를 도와주는 협회

　미국에는 이렇게 영재들의 학업 성취만이 아니라 정서적 요구를 도와주는 협회 SENG이 있습니다. 이곳은 심리학자, 교육학자, 영재 부모 등의 자원봉사자 들이 참여하는 모임으로 영재들과 그들의 부모들, 선생님들에게 필요한 매우 다양한 프로그램을 제공합니다. 협회 웹사이트(www.sengifted.org)에서 다양한 정보를 얻을 수 있습니다. 이 모임은 17세 영재 소년 댈러스 에그버트Dallas Egbert의 자살이 계기가 돼 설립됐습니다. 그의 부모가 낸 기부금으로 오하이오에 있는 라이트대학교에 영재의 정서적인 문제를 도와주는 프로그램을 만들게 된 것입니다. 이때 설립과 운영에 있어 주요한 역할을 한 사람이 제임스 웹입니다. 에그버트의 이야기가 TV 프로그램을 통해 알려지면서 많은 영재 부모들의 관심을 끌었고 이때 부모들과 주고받은 서신을 바탕으로 제임스 웹은《영재교육백서(Guiding the Gifted Child)》를 출간하게 됩니다. 국내에는 최근《영재 공부》라는 개정판으로 출간됐고, 앞에서 그 내용 중 일부를 간단히 소개한 바 있습니다.

이 책에는 영재들의 정서 문제와 영재성의 이해에 관해 영재 부모들이나 교사들이 알아야 할 것들, 특히 영재들의 정서 안정을 위해 필요한 유익한 이야기들이 많이 담겨 있습니다. 이 책을 통해 우리는 각각의 세세한 조언보다도 어떤 마음가짐과 철학을 가지고 영재를 대해야 하는지를 배울 수 있습니다. 어차피 어린 영재의 경우 성향과 행동 양식이 다양하기 때문에 세세한 조언을 절대적인 원칙으로 받아들일 필요는 없습니다. 예를 들어, "천재성을 지닌 아이들이 유별난 행동을 보인다고 그것을 바로잡으려고 해서는 안 된다."라는 말이 나오지만 그것은 예민한 감성을 가진 초고도영재의 경우에 해당되는 말이니 그것을 모든 영재에게 일반화할 필요는 없습니다.

📎 일본의 영재교육

일본은 공교육에서 이루어지는 영재교육 시스템이 우리나라에 비해서는 다소 미흡한 편입니다. 우리와 같이 과학 영재들을 키우는 과학고등학교나 과학영재학교도 없고 중학생들을 위한 과학영재교육원과 같은 학교 바깥의 특별 교육기관도 거의 없습니다.

'영재교육'이라는 용어의 개념도 우리와는 조금 다릅니다. 일본에서의 영재교육이란 주로 초등학생들을 대상으로 하는 것으로, 단순히 지적 능력이 뛰어난 학생들만이 아니라 음악, 체육, 미술, 주판 등 다양한 방면에서 뛰어난 재능을 가진 학생들을 가르치는 것을 말합니다. 이 영재교육은 학교 안에서는 과외 활동을 통해 실시하는 것이 보통입니다. 그래서 일본 대부분의 초·중·고교에는 다양한 운동부가 있고, 학교에 따라서는 음악이나 미술을 상당히 전문적으로 배울 수도 있습니다. 일본에서는 초등학교에 입학하기 전 영재에 대한 교육은 영재교육이라 하지 않고 '조기 교육'이라 부릅니다. 세계 어느 나라나 마찬가지로 조기 교육은 사교육의 영역에 속할 수밖에 없습니다.

일본에서는 중고등학생들을 위한 영재교육을 '엘리트교육'이라는 용어로 부릅니다. 이름에서 느낄 수 있듯 학업 성취 위주의 '수재교육'에 해당한다고 할 수 있습니다. 일본에는 우리나라와 달리 중고등학교에 '입학시험'이 있고, 이 제도가 영재교육 시스템의 핵심을 이루고 있습니다. 학업 성적 위주로 학생들을 선발하며 우수한 학생들은 소위 명문 중고등학교에 입학해 그곳에서 교육을 받게 됩니다. 40여 년 전까지 있었던 대한민국의 중등교육 제도가 현 일본의 교육 제도와 유사하다 하겠습니다. 일본은 대한민국과 달리 교육 제도가 자주 바뀌지 않습니다.

일본의 고등학교 입시 제도는 공립학교와 사립학교가 많이 다릅니다. 공립학교는 주로 그 지역의 중학생들을 대상으로 선발하며 학력고사 점수와 중학교 내신 성적을 합산해 선발하거나(일반 입시) 보통 정원의 20퍼센트 정도에서 추천 입시로 뽑습니다. 추천 입시에서는 중학교 내신 성적과 면접, 토론 등을 통해 선발합니다. 각 지역의 교육청에서 관할하기 때문에 입시 제도가 지역마다 조금씩 다를 수 있고, 학력고사 문제도 지역마다 다르게 출제됩니다.

사립 중고등학교는 그 수가 많지 않으며 사립학교별로 입시 일정과 선발 제도를 독자적으로 결정할 수 있습니다. 대개 학력고사 성적만으로 선발하거나 추천으로 입학생을 받습니다. 일부 사립대학과 연계된 (주로 같은 재단의) 고등학교 졸업생들은 입학시험 없이 연계 대학교에 진학할 수 있는 경우도 있습니다. 사립학교는 대학교 입학에 유리한 점이 많기 때문에 입학하기가 어렵고 등록금도 비싼 편입니다.

일본은 예전과 달리 고등학교 입시나 대학교 입시에서 우리나라만큼 치열한 분위기가 느껴지지는 않습니다. 사교육 문제가 중요한 사회적 이슈가 되지도 않습니다. 어떻게 해서든 성공을 쟁취하려는 사람들, 결과를 승복하지 않는 사람들이 많은 우리나라 문화와 좀 다른 문화여서 그런지 대체로 각자의 입시 결과를 각자의 능력이나 성적에 맞게 이루어진 것으로 받아들이는 편입니다.

PART

3

영재에게
수학을 권한다

{ 수학 공부를 권하는 이유

유럽에서 수학은 오랫동안 언어와 더불어 아이들을 위한 기초 소양 교육의 양대산맥이었습니다. 왜 아이들에게 수학 공부가 필요할까요? 흔히 수학적 사고력과 문제해결력을 키우기 위해서라고 이야기합니다. 그런데 수학적 사고력에는 여러 사고력이 포함돼 있습니다. 수학 문제를 풀기 위해서는 논리적·수리적 사고력만 필요한 게 아닙니다. 문해력도 필요하고 새로운 추상적인 개념 또는 정의 등을 숙지하고 그 개념을 활용하는 능력도 필요합니다. 또한 논리적 사고력의 증진은 현명한 사람이 가져야 할 필수 덕목인 판단력·분별력·정보력 등을 기르는 데 도움을 줍니다. 이외에도 다음과 같은 몇 가지 부수적인 효과를 가져다주지요.

첫째, 수학 공부는 공부 습관을 몸에 배게 하는 데 도움이 됩니다. 이 부분이 수학 공부를 권하는 가장 중요한 이유일지도 모릅니다. 공부도 습관입니다. 수학 문제를 풀다 보면 시간이 금방 가지요. 수학 공부를 통해 집중력을 키우고 끈기 있게 앉아 공부하는 습관을 몸에 붙일 수 있습니다. 소위 책상머리에 오래, 그리고 잘 붙어 있는 습관 말입니다.

한 토론회에 참석했을 때 토론회 주관자 중 한 분이 "학창시절에 수학은 엄청나게 잘하는데 다른 과목 성적은 다 엉망인 친구가 있었어요."라고 하는 이야기를 들은 적이 있습니다. 아마 수학적 소질만 뛰어났던 친구에 관한 이야기를 다소 과장되게 한 것 같은데, 수학 교육 전문가를 자처하는 저는 참지 못하고 한마디 했습니다. "진짜요? 그런 경우는 아주 드뭅니다. 수학은 누구도 쉽게 잘할 수는 없기 때문에 만일 엄청나게 잘했다면 그건 공부를 열심히 했다는 뜻입니다. 그렇다면 수학 소질밖에 없었더라도 다른 과목을 웬만큼은 하는 법인데요." 사실 저는 그분의 말을 믿지 않았습니다. 그 이유는 수학을 적당히 정도가 아니라 아주 잘하기 위해서는 여러 가지 타고난 능력이 필요한 데다가 아무리 소질이 좋다고 해도 열심히 하지 않으면 탁월한 성적을 내기가 불가능하기 때문입니다. 수학은 누구에게나 어려운 과목입니다. 영재들은 수학을 남들보다 좀 더 쉽고 빠르게 배우긴 합니다. 하지만 남들 눈에 그렇게 보일 뿐이지 그들도 많은 시간을 투자해 몸에 익혀야 수학을 잘할 수 있게 됩니다. 국제수학올림피아드 대표인 서울과학고 학생 중에는 가끔 수학만 잘한다는 학생이 있기는 합니다. 그러나 그것은 그 학생이 다니는 서울과학고의 특수성 때문일 것입니다. 그곳 학생들이 다들 워낙 우수하다 보니 어떤 과목이라도 조금만 소홀히 하면 그 과목에서 금세 뒤지게 되는 것이지 일반 고등학교에서라면 수학은 아주 뛰어난데 다른 과목은 다 못하는 학생을 찾기는 힘듭니다.

특히 초등학생 영재들에게 수학은 왕성한 학습 에너지를 쏟아낼 수 있는 좋은 소재이기도 합니다. 아무리 영재라도 도전해야 할 수학 문제들은 있기 마련이고 아이들은 그 문제들을 풀면서 학습 에너지와 학습 욕구를 채울 수 있습니다. 만약 머리도 좋고 학습 의지도 강한데 좀 산만하거나 유별난 행동을 하는 영재라면 수학 공부를 시키는 것이 더욱 좋습니다. 어려운 수학 문제를 잘 풀어냈을 때 느끼는 성취감은 열심히 한 사람만이 아는 최고의 쾌감입니다.

둘째는 건강한 승부욕을 키울 수 있습니다. 경쟁과 승부욕은 인간의 본능이자 가장 핵심적인 학습 동기입니다. 영재는 수학을 통해 자기가 남들보다 잘났다는 걸 보여 주고 싶어 할 테고, 수학은 그들에게 객관적이고 정당한 경쟁을 제공합니다.

간혹 '수학은 남학생이 잘하고 어학은 여학생이 잘한다'고들 말합니다. 그리고 그걸 남학생들은 논리적 사고에 능하고 여학생들은 공감능력이 좋기 때문이라는, 타고난 재능의 차이로 설명하기도 하지요. 그런데 중학교 때까지는 대개 여학생들의 수학 성적이 남학생들보다 더 좋은 편입니다. 아마도 그때까지의 여학생들이 좀 더 성실하고 두뇌 발달 시기도 남학생들보다 좀 더 이르기 때문일 것입니다. 그런데 수학올림피아드 최상위권 학생들 중에는 남학생의 비율이 훨씬 높습니다. 여학생 비율은 5퍼센트도 되지 않지요. 남녀의 수학적 재능 차이는 잘 모르겠지만 학습 성향의 차이가 있다는 건 압니다. 최상위권 아이들을 놓고 보았을 때 남학생들은 승부욕이 굉장합니다. 지기 싫다는 이유로 수학에만 몰두하는 아이들이 많지요. 반면 여학생들은 승부욕이 강해도 수학에만 올인하지는 않습니다. 수학 잘하는 여학생은 다른 과목도 다 잘하는 편입니다.

물론 여학생 중에도 눈에 띄게 수학을 잘하는 학생들이 있습니다. 몇 년 전에는 국제수학올림피아드 한국 대표팀의 에이스로 이 대회에서 2년 연속 금메달을 받은 여학생이 있었습니다. 그녀는 현재 미국 최고 대학의 수학 박사과정에 있습니다. 대학교를 졸업하기 전에 이미 전문 수학자들만이 쓸 수 있는 국제적인 수준의 논문을 써서 많은 이들을 놀라게 했습니다. 사람들은 그녀의 타고난 지능 외에도 성실함과 좋은 인품에 주목하며 그녀가 세계적인 수학자가 될 것으로 기대하고 있습니다.

그녀 못지않은 기대를 받고 있는 여학생이 한 명 더 있습니다. 현재 미국 최고 대학의 수학 박사과정에 있는 그녀도 엄청난 능력과 경력의 소유자입니다. 고등학생 때 수학올림피아드에서 여학생 중 최강자였던 그녀는 루마니아수학마스터, 중국여자수학올림피아드 등에서 한국 대표로 참가했습니다. 서울대 수학과에 재학할 당시에는 댄스동아리 활동을 열성적으로 하면서도 최우수 성적으로 졸업한 바 있습니다.

이 둘 외에도 우수한 한국 여학생은 여럿 있었습니다. 그러고 보니

리사 사우얼만

2000년부터 2023년까지 24년간 국제수학올림피아드에 한국 대표로 참가한 여학생들은 모두 예외 없이 금메달을 수상했습니다. 같은 기간 한국 대표 학생의 약 55퍼센트가 금메달을 받은 것을 고려해도 주목할 만한 대목입니다.

국제수학올림피아드 독일 대표팀의 리사 사우얼만Lisa Sauerman도 국제수학올림피아드 대표를 다섯 번이나 했고 첫 대회에서 은메달을 받은 이후 4년 연속 금메달을 받은 바 있는 국제적 재원입니다. 특히 마지막 해인 2011년에는 전체 참가자 중 유일하게 42점 만점을 받아 시상식에서 감동의 기립 박수를 받기도 했지요. 스탠퍼드대학교에서 박사학위를 받은 후, MIT에서 조교수로 근무하기도 했습니다. 그러다가 2023년 자신의 모교인 본 대학(University of Bonn)의 교수로 금의환향했지요. 그리고 그곳에 가자마자 뛰어난 과학적 업적을 이룬 사람에게 주는 폰카벤상(von Kaven Award)을 수상했습니다. 이제 갓 서른 살이 넘었지만 그녀는 이미 세계적인 수학자 대열에 들어섰습니다.

또한 영재들은 수학을 통해 겸손을 배울 수 있습니다. 수학을 하다 보면 누구나 자기보다 잘하는 친구나 선배를 만나게 됩니다. 그렇게 영재들은 수학을 통해 자신을 되돌아보는 기회를 갖습니다. 최근 초고도영재인 G군의 어머니에게 "이제 본격적으로 수학올림피아드를 시킬 때가 된 것 같습니다. 아이의 학습 에너지를 소비하기에도 좋고 쓴 맛을 좀 보게 하는 데에도 좋을 것 같네요."라고 말씀드렸더니 G군의 어머니도 저에게 "네, 저도 아이가 쓴맛을 좀 보면 좋을 것 같아요."라고 이야기한 적이 있습니다. G군의 타고난 재능은 제가 지금까지 본 아이 중 최고라도 해도 과언이 아닙니다. 그런데 좀 더 커서 쓴맛을 보게 되면 혹여 수학을 좋아하지 않게 될 수도 있으니 초등학교 4학년 2학기인 지금이 수학올림피아드 공부를 본격적으로 시작하기에 적기라고 봤습니다.

수학이라는 공동의 매체를 통해 아이들은 소통하는 방법을 배우고 좋은 친구도 사귈 수 있습니다. 수학을 좋아하는 아이들끼리는 금방 친해집니다. 수학을 잘하는 학생들 사이에 서로 존중하고 좋아하는 마음이 일어나기 때문입니다. 일종의 동료 의식이 생기는 것이지요.

아무래도 수학 공부에 관심이 있는 영재라면 결국 수학올림피아드를 목표로 공부를 하게 돼 있습니다. 그것이 가장 최상위 수학경시대회이자 가장 공신력 있는 국내, 국제 대회이기 때문입니다. 대개 11세 전후에 수학올림피아드 입상을 목표로 수학 공부를 시작합니다. 정식 한국수학올림피아드는 중등부와 고등부로 나뉘어 있습니다만 중학교 1학년 이하만 볼 수 있는 한국주니어수학올림피아드(KJMO)도 있습니다.

한국주니어수학올림피아드는 중등부 1차 시험과 거의 동일한 형식의 시험으로, 매년 2,000명 정도가 응시하고 있고, 응시생의 대다수가 초등학교 고학년생 또는 중학교 1학년생입니다. 초등학생과 중학생 비율은 6:4 정도 됩니다.

한국수학올림피아드는 중등부, 고등부 모두 1차 시험은 예선 대회와 같은 성격을 갖고 있고 본선 대회인 2차 시험은 매년 11월에 열립니다. 1차 시험에서 상을 받는 것도 어렵지만 본선 대회인 2차 시험에서 상을 받는 것은 매우 어렵습니다. 1차 시험은 20문항이고 주관식 단답형(세 자리 정숫값)입니다. 2차 시험은 완전한 서술형으로 모두 여덟 문제가 주어집니다.

대한수학회에서 주관하는 한국수학올림피아드 사업은 기본적으로 두 가지 영역으로 이루어져 있습니다. 하나는 경시 영역으로 접수, 시험장 마련, 출제, 채점, 사정 등의 한국수학올림피아드 시험과 관계된 일입니다. 또 다른 하나는 교육 영역으로 여름학교, 가을통신강좌, 겨울학교, 봄통신강좌, 주말교육, 집중교육 등 우리나라 최고의 수학 영재들을 선발해 교육하는 일입니다. 학생들의 수학올림피아드 준비 과정이나 사교육 문제, 한국수학올림피아드와 국제수학올림피아드 현황 등에 대한 좀 더 자세한 이야기는 '수학올림피아드는 대회 그 이상'에서 이어서 하겠습니다.

수학 영재라 불리는 아이들

영재와 수재 외에 뛰어난 재능을 가진 아이를 가리키는 말로 '신동 (prodigy)'이라는 단어가 있습니다. 고도영재가 단순히 탁월한 잠재력을 가진 아이를 가리킨다면, 신동은 그 타고난 재능으로 어느 정도 성취를 이룬 아이를 뜻합니다. 그런 의미에서 국제수학올림피아드 국가대표 학생들은 신동이라 불릴 만합니다.

그 정도의 성취를 이룬 아이들은 대체로 정서적으로 안정적입니다. 보통의 아이들과 다를 것 없이 평범하고 성실한 학생들이죠. 그런 안정감은 높은 학업 성취를 이루는 데 큰 도움이 되었을 것입니다. 물론 간혹 둔감한 괴짜형 학생도 있지요. 하지만 지금까지 제가 접한 100명이 넘는 국가대표나 그 외 수많은 동급의 학생들 중 그런 학생은 겨우 3명 남짓입니다. 그중 한 명은 단순히 외부 안테나가 둔감한 타입이었고, 또 다른 한 명은 나르시시즘의 경향이 있는 편으로 성격은 착하고 순진하지만 학업과 관련해서는 동료들이 보기에 잘난 척을 많이 해 친구가 거의 없었습니다. 그는 서울대학교 수학과에 입학한 후에 2학년 때부터 대학원 과목을 듣기 시작해 졸업 전까지 원하는 대학원 과목을 다 듣고는 더 들을 것이 없다고 투덜거리곤 했습니다. 마지막 한 학생은 원래부터 말수가 거의 없었는데 그 현상이 점점 심해지더니 은둔형 인간이 되어 버렸습니다(최근까지 주기적으로 만나고 있는데 대화가 원활하지 않습니다). 하지만 최근에는 주변의 권유를 받아들여 대학원에 다니고 있습니다. 이런 극소수를 제외하고는 대다수가 성격과 사회성이 무난한 편입니다. 착한 아이들이 대부분이지요.

국제수학올림피아드 대표가 되려면 얼마나 수학을 잘해야 하기에 성취했다고까지 말할 수 있는 걸까요? 한 아이의 예를 들어 보겠습니다. 한 후배가 자신의 중학교 1학년 아들이 신동 같다며 좀 살펴봐 달라기에 만난 적이 있습니다. 전교 1등은 기본이고, 한문 실력도 탁월해 한문으로 일기까지 쓴다고 했습니다. 이런저런 대화를 나누어 보니 여간 똑똑한 게 아니었습니다. 그래서 한국수학올림피아드 중등부 1차 시험이 다음 해 5월경에 있으니 도전해 보라고 권했지요. 그 후 서울대 출신인 아버지와 함께 열심히 대회 문제를 풀고 있다는 얘기를 들었습니다. 그런데 다음 해에 한국수학올림피아드 1차 시험 20문항 중 2개밖에 맞히지 못했습니다. 아이뿐 아니라 저조차도 그때 한국수학올림피아드의 벽이 얼마나 높은지 실감했습니다. 사실 그 아이의 경우 수학 성적이 좋긴 했지만 문과적 소질이 더 좋았던 것 같습니다. 그 아이는 나중에 서울대학교 자유전공학부에 입학했고 영어와 일본어를 원어민처럼 구사한다고 합니다.

수학올림피아드를 응시하는 학생들은 아주 고수라도 그 위에 또 고수가 있고, 그 고수 위에 또 고수가 있는 법입니다. 그 층이 얼마나 두꺼운지 보면, 초등학교 6학년과 중학교 1학년을 대상으로 하는 한국주니어수학올림피아드에는 매년 20문항을 모두 맞히는 학생들이 여럿 나옵니다. 문제가 제법 어렵기 때문에 보통 학교에서 수학 잘한다는 학생들조차 두어 문제 맞히기도 어렵습니다. 그런데 초등학교 5~6학년 최상위권 아이들 중에는 주니어는 건너뛰고 한국수학올림피아드 중등부 시험을 보는 아이들도 있습니다. 그리고 거기서도 만점자가 여럿 나옵니다. 그런데 이들보다 더 잘하는 중학생들은 이미 고등부 시험을 응시하고 거기서 금상을 받기도 합니다. 그보다 더 잘하는 중학생들도 또 있지요. 이런식으로 실력자 위에 또 실력자가 그 위에 또 다른 실력자가 있다고 보면 됩니다.

그런데 국제수학올림피아드 대표급이 되려면 중학교 1~2학년 때 고등부 1차 시험은 물론이고 그보다 더 높은 수준인 2차 시험에서 금상이나 은상을 받는 정도가 되어야 합니다. 물론 뒤늦게 경시대회 준비를 시작해 중학교 3학년 정도부터 두각을 나타내는 학생들도 간혹 있기는 합니다. 고등학교 입학 후 올림피아드 공부를 시작해 역대 최강자 중 한 명이 된 학생도 있지요. 대표급 학생은 한국수학올림피아드 2차 시험, 계절학교 모의고사, 아시아태평양수학올림피아드, 한국수학올림피아드 최종시험, 국제수학올림피아드 모의고사 등 성적을 합산해 최상위 10명 이내를 말하기 때문에 그 수준이 얼마나 높을지는 상상에 맡기도록 하겠습니다.

✎ 내가 만난 영재들

국제수학올림피아드 국가대표 출신이자 현재 세계적인 수학자인 S교수는 저의 가장 가까운 제자 중 한 명입니다. 그는 고등학생 때 전국 최강자였습니다. 그가 얼마 전 저와 만났을 때 자신의 아들이 신동이라는 말을 하기에 아이에 대해 자세히 물어봤습니다. S교수의 말에 따르면 현재 42개월인 그의 아들은 돌 조금 지나서 1부터 10까지 셀 수 있었고 14개월 때 알파벳 대소문자를 다 알았다고 합니다. 18개월 즈음에 수를 1부터 1,000까지 세는 법을 알았고, 30개월 즈음에 한글 읽는 법을 물어봐서 자음, 모음 몇 개의 읽는 법을 가르쳐 주니 혼자 글을 읽더랍니다. 현재는 구구단도 13단까지 외우고 한 자릿수 덧셈을 한다고 하고요. 유튜브를 가끔 틀어 주면 혼자 일본어, 러시아어, 스페인어 영상을 보면서 각 언어로 숫자 세기, 색깔들을 알았다고 합니다. 40개월 때는 영어로 62를 읽는 법을 알기에, 100을 'hundred'라고 알려 주니 바로 762를 영어로 읽더랍니다. 하지만 S교수는 이 말도 덧붙였습니다. "우리 아이가 머리는 진짜 좋아요. 지금까지 아는 것은 제대로 가르친 것이 아니라 뭔가 물어보면 대답해 주니까 혼자 알아서 깨달은 거예요. 그런데 사회성이 좀 떨어지고 어린이집에서 통제가 잘 안 되는 문제가 있어요. 심리적인 문제와 큰 근육의 발달이 느리다는 문제가 있어서 지금은 지능 계발보다는 심리나 신체 계발 쪽으로 신경 쓰고 있어요. 머리가 좋으니까 공부야 좀 있다가 해도 될 것 같아요." 저는 S교수가 워낙 현명하고 자신의 경험이 있으니까 아이를 잘 키울 것이라고 믿습니다.

　제가 지금까지 만난 12세 전후의 영재 중 P군과 Q군은 최고의 영재에 속합니다. 이 둘은 동갑이었는데 신기하게도 그해에 태어난 학생들 중 국제수학올림피아드 대표가 된 학생들이 많았습니다. 이 두 신동은 나중에 국제수학올림피아드 대표로 두 번씩 참가해 금메달을 받았습니다. P군은 만 14세가 되던 해에 처음 참가했고, Q군은 다음 해에 처음 참가했습니다. 그 학생들이 12세이던 해에 선배 교수님으로부터 전화가 와서는 서울교육대학교 과학영재교육원의 한 교수님이 자기가 본 최고의 영재라며 한 아이를 소개할 테니 저보고 좀 만나달라고 했습니다. 그분 판단으로는 그 아이보다 두 살이 많은 (당시까지 역대 최고 영재로 여겨지던) L군보다 더 똑똑하다는 것이었습니다. 그 아이가 바로 P군입니다. 저는 그분의 추천을 믿고 P군을 만나 보았는데 탁월한 영재임이 틀림없었습니다. 하지만 그는 그때까지 수학경시대회 준비가 전혀 되어 있지 않았습니다. P군은 특별 추천 케이스로 중학교에 올라가는 1월에 열린 한국수학올림피아드 겨울학교에 입교했고 그때부터 본격적으로 한국수학올림피아드 준비를 시작했습니다. 그리고 그해 8월에 열린 여름학교에도 입교했는데 그때 실력이 이미 중등부 상위권 정도였습니다. 그사이 그렇게 빨리 실력이 늘 것이라고는 상상하지 못했습니다. 그 당시 조교들에게 1년 뒤에는 P군이 당시 3년 선배이자 에이스였던 R군 수준만큼 올라올 수 있을까 물었었는데 조교들은 반신반의했지만 정말 1년 뒤 P군은 국가대표가 됐고, R군과 어깨를 나란히 할 수준이 되었습니다. P군은 후에 대학을 3년 조기 입학해 수학을 전공했고 학점이 최고 수준이었습니다. 대학을 졸업한 후에는 미국 최고 대학의 박사과정에 들어갔습니다.

반면 Q군은 당시 P군만큼 유명하지는 않았지만 그에 못지않은 영재성을 갖고 있었습니다. 그는 중학교 1학년을 마친 후에 과학영재학교에 입학했습니다. 1학년 때 그와 다른 3명의 학생이 한 팀을 이루어 1년간 저에게 창의연구(R&E) 지도를 받았는데 그는 4명의 학생 중에 제가 설명하는 위상수학 내용을 다 이해하는 유일한 학생이었고, 결국 그 덕분에 좋은 논문을 쓸 수 있었습니다. 그는 15세와 16세에 국제수학올림피아드에 참가해 금메달을 수상했고, 만 16세에 대학교에 입학했습니다. 그리고 미국 최고 대학교에서 수학 박사학위를 받았습니다. 최근 미국 아이비리그에 속하는 대학에 조교수로 임용됐으며 운만 좀 따른다면 필즈메달도 기대해 볼 만합니다. 제가 그에게 그런 기대를 하는 건 그가 엄청난 천재성뿐 아니라 안정적인 정서와 성실함을 함께 가지고 있기 때문입니다. 영어도 잘하고 사람들과의 협업도 잘하는 편이지요.

흔히 필즈메달을 받으려면 운이 따라야 한다고 말합니다. 최고의 연구 결과를 내기 위해서는 수학적 능력과 성실함 외에 다음 세 가지 조건이 더 필요하기 때문입니다. 첫째는 자기에게 맞는 연구 분야를 만나는 것이고, 둘째는 어렵긴 하지만 내가 겨우 풀 수 있는 딱 적당한 난이도의 문제를 만나서 초기에 학계의 인정을 받는 것이며, 셋째는 좋은 연구자 그룹을 만나는 것입니다. 이 세 가지는 모두 운에 따라 좌우됩니다. 이 중 첫 번째 조건에서 연구 분야는 자신이 정하는 것 아닌가 하는 독자가 있을지 모르겠습니다만 실은 대개 지도교수를 정할 때나 어느 연구 그룹에 들어가게 될 때 사전에 그 분야가 자기에게 맞을지 판단하는 것은 어렵습니다.

언급한 이 두 학생들보다 12년 후배이면서 서로 동갑인 2명의 영재가 또 있었습니다. 이들은 5학년 때 이미 한국수학올림피아드 계절학교에 들어와서 중등부 상위권에 속하던 학생들입니다. 어린 나이에 보인 학업성취도로는 앞의 두 학생보다 더 이르고 더 좋았습니다. 그중 S군은 SBS 〈영재발굴단〉에 나왔다고 소개받았습니다. 아이가 4학년 때 부모와 함께 만났는데 수학 이야기를 한참 나눈 뒤 느낀 건 수학 공부에 대한 열정이 대단하다는 것이었습니다. 고등학교 과정이나 그 이상의 과정에 나오는 여러 가지 정리들을 자기가 스스로 찾고 그것을 증명해 보는 것이 신기했습니다. 그와 만났을 때 제가 저술한 《조합론》책을 한 권 선물로 주었는데 그는 그 후에 저에게 그 책의 오타들을 알려 주고 일부 내용에 대해 물어보기도 했습니다. 실은 그 책은 한국수학올림피아드 고등부 상위권 학생들이 보는 책입니다. S군을 1년 후에 한국수학올림피아드 계절학교에서 다시 만났습니다. 그런데 그전에 계절학교 입교자를 정하는 한국수학올림피아드위원회 회의 중에 저는 깜짝 놀랐습니다. S군이 전례가 몇 안 되는 최연소 나이여서 저는 당연히 5학년에는 S군밖에 없을 것이라고 생각했는데 의외로 한 명이 더 있는 데다가 그 학생의 성적이 S군보다 더 좋은 것이었습니다. 계절학교에서 이 두 학생의 부모가 서로 알게 돼 한동안 서로 정보도 주고받으며 지낸 것으로 알고 있습니다. 이후 S군은 수학경시를 계속 했지만 그 또 다른 학생은 중학생이 되면서 돌연 수학경시를 그만두었습니다. 이 학생은 후에 서울과학고에 1년 조기 진학했고(S군의 서울과학고 1년 선배) 졸업한 후에는 서울대 공대에 입학했습니다. S군은 나중에 국제수학올림피아드 최종후보까지는 갔지만 운이 따르지 않기도 하고 다른 학생들이 너무 막강하기도 해 국제수학올림피아드 대표가 되는 데에는 실패했습니다. 그는 고도영재임에 틀림없는 데다가 성격이 적극적이고 사회성도 아주 좋은 편이어서 10여 년 후에는 엄청난 실력을 갖춘 수(과)학자가 되어 있을 것이라고 믿습니다.

앞서 말한 P군, Q군 외에 그들과 같은 학년이던 학생들 중 국제수학올림피아드 대표 출신이면서 미국의 최고 대학에서 수학 분야 박사학위 과정에 있거나 이제 막 박사학위를 받은 사람이 4명 더 있습니다. 이들 6명은 우리나라 최고의 수학 영재들이지만 그들이 경쟁해야 할 동년배의 다른 나라 학생들에 비해서는 세계 최고 수준의 수학자가 되는 데 크게 불리한 점이 있습니다. 그것은 바로 병역의무입니다. 이들은 공군에서 2년간 군 생활을 하거나 연구소나 회사에서 3년간 병역특례를 했습니다. 그런 공백 기간 때문에 박사학위를 받는 나이도 늦어지고 공부의 흐름도 깨집니다. 특히 필즈메달은 39세 이하에게만 수여하는 상이기 때문에 20대 후반쯤에 좋은 연구 결과를 낸 수학자가 아니면 받기 어렵습니다. 허준이 교수가 필즈메달을 받는 데에는 그가 대한민국 국적을 포기하며 군대를 가지 않은 것이 도움이 되었을 수도 있습니다. 주목받는 신진 연구자 대열에 들어가야 같이 연구할 좋은 그룹도 생기는 데다가 수학 논문은 출간되는 데에 대개 1년 반 내지 2년 정도 걸리기 때문에 세계 최고의 수학자라고 인정받기까지는 오랜 시간이 필요합니다. 이런 점에서 수학은 실험과 관찰을 근간으로 하는 다른 자연과학 분야와는 조금 다르다 하겠습니다.

📎 영재를 키운다는 것

국제수학올림피아드 대표가 된 아이들은 어떻게 그런 성취를 거두게 된 것인지 아이들과 가장 가까이에서 함께해 왔을 부모님들의 이야기를 들어 보았습니다. 국제수학올림피아드 대표로 선발됐다는 사실은 같지만 그 자리에 오기까지는 각자의 과정이 있었습니다.

"초등학교 5학년 때 서울교대 영재교육원 제1회 입학생으로 선발됐어요. 5학년은 7명이었고 그때 만난 친구들과 그룹 수업을 하면서 즐겁게 수학 공부를 했죠. 또 연세대학교 영재교육원과 서울과학고로 이어지는 교육과정 동안 수학하는 친구, 선배들과 교류하면서 더욱 관심도 높아지고 실력도 향상됐던 것 같아요. 한국수학올림피아드를 위한 사교육은 위슬런 학원에 3년 정도 다녔고, 국제수학올림피아드 출신 선배의 개인지도도 몇 회 받았습니다." - 학생A의 아버지

"초등학교 3학년 때 받은 과학 신동 프로그램이 수학 공부를 본격적으로 하게 되는 데 좋은 계기가 됐어요. 송 교수님의 관심이 아이에게 큰 힘이 됐습니다. 초등학교 5학년 때 한국수학올림피아드 중등부에서 동상을 받은 뒤부터 자연스럽게 본격적으로 수학올림피아드에 참여하게 됐지요." - 학생B의 어머니

"초등학교 5학년 때 서울교대 영재교육원 수학 과정에 합격하면서 수학적 사고력을 좀 더 키울 수 있었어요. 서울교대 영재교육원 수학 기본 과정과 심화 과정을 거치고 연세대학교 영재교육원 수학 기본·심화·사사 과정을 수료하면서 깊이 있는 수학 교육을 받고 성장했지요. 그렇게 자연스럽게 수학올림피아드에도 도전하게 된 것 같아요. 수학은 이 두 영재교육원에 다닌 것이 큰 도움이 됐습니다." - 학생C의 어머니

"CBS영재교육학술원에서는 여덟 살이 되는 교육생들을 대상으로 시험을 봐서 성적이 높은 8명을 특별반으로 편성, 모든 수업을 그 아이들끼리만 받을 수 있게 했어요. 그때 우리 애도 특별반이 됐죠. 아이가 특별반에서도 수학뿐 아니라 모든 분야에서 좀 뛰어났어요. 5학년 때 서울교대 영재교육원 제1회 입학생으로 선발됐는데 5학년은 7명이었고 그때 만난 친구들과 그룹 수업을 하면서 즐겁게 수학 공부를 했습니다." – 학생D의 어머니

똑똑한 아이라는 발견이 있었고, 또 부모님의 관심과 노력 덕분에 아이는 적절한 교육을 받을 수 있었습니다. 그럼에도 불구하고 때로는 스스로 부족하게 느껴질 때가 분명 있었을 것입니다. 넘치지도 모자라지도 않게 해야 한다는 생각으로 마음 졸이는 시간들이었을 테지요. 그런 까닭에 같은 길을 가고자 하는 부모님들을 위해 한마디씩 해 달라고 청했습니다. 이 장은 부모님들의 이야기로 마무리하겠습니다.

"진학의 수단으로만 국제수학올림피아드에 관심을 갖기보다는 세계적인 수학 영재들과 실력을 겨루는 경험 자체가 아이의 일생에 정말 자랑스러운 자산이라는 점을 기억하시면 좋겠습니다. 그런 마음으로 아이의 학업이 바쁘더라도 수학 공부를 게을리하지 않게 해 주셨으면 합니다." – 학생A의 아버지

"국제수학올림피아드 대표까지 가는 길은 험난합니다. 수학 공부에 대한 성실함과 인내심 그리고 긍정적인 마인드가 많이 요구되는 일이라 아이와 부모의 관계가 잘 형성돼 있어야 긴 시간을 무난하게 견딜 수 있습니다." - 학생B의 어머니

"수학을 좋아하고 잘하는 학생이 중고등학교 시절 경시대회 준비를 하는 건 꽤 바람직한 일이라고 생각합니다. 수학을 좋아하는 아이들끼리 문제를 놓고 신나게 대화하고 문제를 풀어 가는 모습이 참 행복해 보였거든요. 어려운 문제를 푸는 과정에서 희열을 느끼는 것 같았습니다. 그런 과정을 통해 학교 수학으로는 도달할 수 없는 그들만의 수학 세상에서 사는 듯합니다. 그렇게 국가대표가 돼 메달을 따면 더없이 좋겠지만 해마다 한정된 6개 자리의 국가대표가 되는 것이 쉬운 일은 아닙니다. 하지만 국가대표가 되지 못하더라도 이과 학생으로서 경시대회 준비를 통해 깊이 있는 수학을 공부한다는 것 자체가 대학교에 가서도, 그 이후의 삶에서도 좋은 자산이 될 것입니다. 수학을 깊이 있게 공부한 사람들 특유의 논리적인 사고력은 대학 졸업 후에도, 나아가 자녀 교육에도 큰 힘을 발휘할 수 있습니다." - 학생C의 어머니

"아이가 계속 즐겁게 공부하려면 경시대회가 스트레스가 돼서는 안 된다고 생각합니다. 국제수학올림피아드 대표가 되는 데 너무 큰 의미를 부여해 그것이 목표가 되어 버리면 문제 푸는 게 즐거운 과정이

아니라, 틀리면 안 되고, 실패하면 안 되는 스트레스 대상이 될 것입니다. 물론 국제수학올림피아드 금메달은 생각보다 가치가 큽니다. 그 가치는 꽤 오래가기도 하지요. 추후 대학교 입학에도 큰 영향을 주고, 대학원에 입학할 때도 영향이 있지 않을까 싶습니다. 그럼에도 불구하고 무엇보다 중요한 건 원하는 공부를 즐겁게 하는 데 있다는 걸 기억하면 좋겠습니다." - 학생D 어머니

{ 수학올림피아드는
대회 그 이상

해마다 7월이 되면 국제수학올림피아드가 열립니다. 대한민국 최고의 수학 영재 6인이 대표로 선발돼 출전하지요. 고등학생들의 수학경시대회인 이 대회에는 매년 110개국 정도가 참가합니다. 그야말로 전세계 최고의 수학 영재들이 한자리에 모이는 셈입니다. 역사가 길기도하고 최근 20여 년간 필즈메달 수상자들 중 이 대회 출신이 거의 절반정도 되는 만큼 수학계에서 매우 중요한 행사입니다. 그리고 우리나라는 이 대회에서 명실공히 세계 최강국 중 하나입니다. 우리는 최근 10년간 1위를 두 번이나 차지해 중국, 미국, 러시아와 함께 세계 4대 강국으로 꼽히고 있습니다.

많은 사람들이 수학올림피아드라는 대회 이름은 들어본 적 있지만거기서 풀어야 하는 문제가 얼마나 어려운지, 그 풀이가 얼마나 대단한지 이해하기 어려워서 그들의 천재성을 실감하는 게 쉽지 않습니다.

예를 하나 들어 보겠습니다. 다음은 실제 2011년 국제수학올림피아드에 출제됐던 2번 문제입니다.

〔문제 2〕 평면 위에 두 개 이상의 유한개의 점으로 이루어진 집합 S가 있다. 이 집합의 어느 세 점도 일직선 위에 있지 않다. '풍차'란 다음과 같은 과정을 의미한다: S 중의 단 한 점 P를 지나는 직선 L로부터 시작하여, P를 회전의 중심으로 하여 L을 시계방향으로 회전시키다가 이 직선이 처음으로 S에 속하는 다른 점 Q를 만나면, 다시 Q를 중심으로 하여 시계방향으로 회전을 계속 진행한다. 이러한 진행을 S의 점들을 회전중심으로 하여 무한 번 계속한다. 이때, S의 적당한 점 P와 이 점을 지나는 적당한 직선에서 시작된 풍차가 S의 각 점들을 회전중심으로 무한히 여러 번 사용하게 됨을 보여라.

그나마도 수식이 많이 나오지 않는 문제를 고른 것이지만 그럼에도 불구하고 일반인들이 보기에는 무슨 질문을 하는지조차 이해하기가 쉽지 않습니다.

국제수학올림피아드는 이틀에 걸쳐 하루에 세 문제씩 총 여섯 문제를 풉니다. 시험 시간은 하루 4시간 30분입니다. 문제들이 다 어렵지만 그중 3번, 6번 문제는 특히 더 어렵습니다. 대개 수학 문제들은 창의적인 아이디어를 낼 수만 있으면 금세 풀리는데 국제수학올림피아드의 어려운 문제는 좋은 아이디어로 잘 출발하더라도 풀어 나가는 과정이 매우 복잡합니다. 이것저것 관찰해 가며 산 넘고 물을 건너서야 목적지에 다다를 수 있는 경우가 많습니다. 주어진 짧은 시간 안에 문제를 풀고 서술한다는 건 굉장히 어려운 일인데도 매년 풀어내는 학생들이 다수 나옵니다. 엄청난 수준의 창의적 사고력에 뛰어난 집중력까지 더해진 결과이지요.

국제수학올림피아드 국가대표로는 3학년생만 선발되지는 않기 때문에(2022년에는 6명 중 3학년생이 1명뿐이었습니다) 대표가 되기 위해서는 같은 해에 태어난 학생들 중 전국에서 최소한 3등 정도 안에는 들어야 합니다. 그러니까 수학 실력으로 10만 명 중 1명, 즉 상위 0.001퍼센트 안에는 들어가야 대표가 될 수 있다는 뜻입니다.

대표 선발 시에 그동안 누적된 시험점수로 학생들의 등수를 매겨 보면 대표급 학생들과 그 바로 밑인 10위권 학생들, 그리고 또 그 바로 밑인 20~30위권 학생들 간의 성적 차이는 제법 크게 납니다. 또한 아주 어려운 문제의 경우에는 그것을 푸는 학생들과 풀지 못하는 학생들의 층이 비교적 분명히 나뉘지요. 대표급 학생은 경쟁하는 학생들에게 '저 학생은 나보다 더 머리가 좋아.'라는 느낌을 주고, 주변 사람들도 그 학생을 보고 "그 아이는 참 머리가 좋아."라고 말합니다. 머리가 좋은 것을 '재능'이라 한다면 과연 재능의 차이가 성적에서 그런 정도의 큰 차이를 가져오는 것일까요? 성적으로 상위 0.001퍼센트의 영재와 상위 0.01퍼센트의 영재가 재능적인 면에서 그렇게 차이가 나는 것일까요?

제가 그동안 최고 수준의 수학 영재들을 지도하며 느낀 점은 일부 예외적인 경우를 제외하고는 대체로 '그렇지 않다' 입니다. 탁월한 재능은 당연히 꼭 필요하지만 상위 0.1퍼센트 정도 또는 1퍼센트 정도의 재능이면 충분합니다. 재능이 그 정도 되는 학생들은 30만 명 중에 300명 내지 3,000명이나 됩니다. 그중 진짜 최고가 되는 데에는 더 이상 재능이 중요하지 않다는 것이죠. 결국 중요한 건 그 학생의 '성격'과 '주변 환경' 입니다.

🖇 수학에 대한 열정이 가득한 한국수학올림피아드

한국수학올림피아드는 대한수학회가 주관하고 과학기술정보통신부 산하의 한국과학창의재단에서 지원합니다. 대한수학회 내의 한국수학올림피아드위원회가 경시, 교육, 행정 등을 집행하지요.

한국수학올림피아드는 1차, 2차, 그리고 최종 시험으로 이루어져 있습니다. 1차 시험은 수학올림피아드에 입문하는 학생들을 위한 것으로 매년 5월에 열립니다. 2차 시험과 최종 시험은 각각 10월 말~11월 초, 3월 말에 열리는데 1차 시험과 달리 이 시험들의 결과는 7월에 열리는 국제수학올림피아드 대표 선발에 영향을 줍니다.

한국수학올림피아드는 국제수학올림피아드의 시험 범위에 맞추어 대수, 기하, 정수, 조합의 4개 분야에서 출제되고 미적분학은 제외됩니다. 여기서 대수란 부등식, 함수방정식 등과 같이 문자의 대수적 조작을 통해 결과를 얻는 것을 말합니다. 기하는 고전적인 평면기하로서 원, 삼각형 등에서 발생하는 여러 가지 성질에 대한 문제들을 다룹니다. 정수는 정수들이 갖는 성질에 대해 밝히는 문제로 주로 소수들이 중요한 역할을 합니다. 조합이란 경우의 수를 따지거나 어떤 경우가 일어날 수 있는지 없는지 등을 판별하는 분야입니다.

한국수학올림피아드의 개요

분류	1차 시험	2차 시험	최종 시험
시기	매년 5월	매년 10월 말 또는 11월 초	매년 3월 말
대상	중등부, 고등부	중등부, 고등부	고등부
시험 방법	- 20문항 100점 만점 - 2시간 30분 - 난이도에 따라 4, 5, 6점으로 배점 - 주관식 단답형(답은 3자리 자연수이고 OMR 카드에 작성)	- 8문항 56점 만점 - 6시간(1교시 4문항 3시간, 2교시 4문항 3시간) - 주관식 서술형	- 6문항 42점 만점 - 9시간(1일 4시간 30분, 2일 4시간 30분) - 주관식 서술형
시상	금상, 은상, 동상, 장려상 (중등부의 경우, 전국상, 지역상을 각각 수여)	금상, 은상, 동상, 장려상	
특전	우수자에 한해 2차 시험 응시자격과 여름학교 입교 자격, 가을 통신강좌 수강 자격 등 부여	우수자에 한해 겨울학교 입교 자격, 최종시험 응시 자격 등 부여	
기타	2023년에는 여름학교가 열리지 못했다.	2023년 1월에는 겨울학교가 열리지 못했으나 2024년 1월부터 다시 열린다.	시험 형식이 국제수학올림피아드와 동일하다.

한국수학올림피아드를 경시대회로만 인식하고 있는 사람들이 많습니다. 초창기에는 '국제수학올림피아드 대표 선발을 위한 경시대회'로

의미를 한정하기도 했지요. 하지만 20여 년 전 제가 한국수학올림피아드를 맡으면서부터는 한국수학올림피아드위원회 규정을 바꾸어 '수학 영재들을 발굴하고 교육하는' 것으로 그 의의를 확대했습니다. 지금은 교육 부분이 경시대회 못지않게 중요해졌지만 이를 잘 이해하지 못하는 사람들이 아직도 너무 많습니다. 그 때문에 2023년 1월의 겨울학교, 8월의 여름학교가 모두 열리지 못하는 사태가 벌어졌고 그에 따른 여파가 아주 컸습니다.

2023년 제64회 국제수학올림피아드는 일본 지바에서 열렸습니다. 저는 그 대회에서 일본 측 요청으로 단장회의의 의장을 맡게 되었는데 조직위원들과 교류하다 보니 문제선정위원과 코디네이터 일을 맡을 대한민국 학생들을 추천하게 됐습니다. 그렇게 이 대회에는 6명의 대표 학생을 포함, 약 20명의 수학올림피아드 선후배들이 참가했습니다. 그때 아이들이 모여서 많이 했던 이야기가 계절학교가 열리지 않아 아쉽다는 것이었습니다. 대표 학생들은 모여서 함께 공부하고 친구들과 시간을 보내는 추억을 쌓을 기회가 사라진 것을 아쉬워했고 선배들은 조교로서 후배들을 가르치고 교류할 기회가 사라진 것을 아쉬워했습니다.

수학올림피아드에 참가하는 학생들의 수학에 대한 열정은 대단합니다. 그들에게 한국수학올림피아드란 단순히 경쟁하여 상을 받는 경시대회로서의 의미만 있는 것이 아닙니다. 그들에게 수학올림피아드는 아름답고 어려운 문제들을 풀면서 자신의 수학에 대한 열정을 불태우고, 수학올림피아드를 준비하는 지구상의 모든 학생들과 친구가 되는 문화적 공간입니다.

수학 공부에 심취한 아이들은 자연스레 수학올림피아드에 입문하게 됩니다. 그리고 경쟁을 통해 성장하지요. 과다한 경쟁을 걱정하는 사람들이 있지만 학습 에너지가 넘치는 영재들에게는 그것이 문제가 되지 않습니다. 또 어떤 사람들은 한국수학올림피아드에서 금상을 받았거나 국제수학올림피아드 대표를 했던 학생들은 이제 더 배울 게 없을 텐데 그 이상의 수학을 공부해야 할 시간에 올림피아드에 시간을 쏟는 걸 걱정합니다. 그래서 국제수학올림피아드 대표를 한 사람당 1회로 제한해야 한다고 주장하기도 하지요. 하지만 이런 주장은 다음 두 가지 상황을 잘 모르기 때문일 것입니다. 먼저, 최고의 학생들은 이미 고급 수학을 공부하고 있습니다. 오히려 대학 과정의 수학을 미리 지나치게 많이 공부하는 게 문제가 될 정도입니다. 그들의 학습 에너지는 대단합니다. 대표급 학생들은 대학교에 수학과로 진학한 후에도 대개 1학년 때 3학년 전공 과목을 듣기 시작하고, 3학년 정도부터는 대학원 과목을 듣습니다. 어떤 학생은 학부 졸업 전에 박사과정 과목까지 이미 다 들어서 더 이상 들을 과목이 없다고 불평할 정도입니다. 둘째로 학생들이 수학올림피아드에 참가하는 건 단순히 수학적 지식과 실력을 얻기 위함이 아닙니다. 어려운 문제에 도전하고 서로 경쟁하는 경험을 통해 끈기, 정신력, 학습 태도 등을 기르기 위함입니다. 그러한 경험은 성인이 돼 어려운 연구를 할 때도 도움이 됩니다. 또한 그들은 수학올림피아드의 세계에서 만나는 친구, 후배, 선배들을 사랑합니다. 국제수학올림피아드는 경쟁의 장이기도 하지만 수학 문화의 교류의 장입니다. 아이들은 그곳에 참가하면서 그런 문화를 즐기고 싶어 하고, 그런 기회를 통해 수학에 대한 사랑을 더욱 키워 나갑니다.

수학올림피아드에 경쟁이 너무 치열하다는 건 일견 단점일 수도 있겠습니다. 강자들이 너무 많다 보니 메달을 받는 것도 어렵고 한국수학올림피아드 계절학교 입교는 하늘의 별 따기만큼이나 힘듭니다. 그래서 심하게 좌절하는 학생들이 생기기도 하지요.

아이들의 영재성과 각자의 개성은 아주 다양하기 때문에 영재라고 해서 다 수학올림피아드를 할 필요는 없습니다. 영재교육이 교육 대상에 따라 상대적이어야 하는 것은 당연합니다.

✐ 세계 수학 영재들의 교류의 장, 국제수학올림피아드

매년 7월에 열리는 국제수학올림피아드는 110개국 정도가 참석하고 약 10일간 열립니다. 문제는 총 6개, 42점 만점인데 이틀간 하루에 3개 문제씩 풀게 됩니다.

몇 문제 안 되지만 출제 과정은 좀 복잡합니다. 먼저, 대회가 열리기 수개월 전 각 나라에서 후보 문제들을 제출합니다. 대개 150~200개 정도의 문제가 모이고 주최국의 문제선정위원회(Problem Selection Committee, PSC) 10여 명의 위원들이 한 달 정도 검토한 후에 약 30문항을 고릅니다. 그렇게 고른 문제들을 책자로 만들게 되는데 이를 '쇼 트리스트(Short List)'라고 합니다. 최종 단계에서는 이 책자에 실린 문 제 중 최종 6문항을 고르고, 이는 학생들보다 며칠 일찍 개최국에 도착 한 단장들이 모이는 단장회의(Jury Meeting)를 통해 결정됩니다. 이 회 의는 사흘간 열리고 단장들은 문제에 대해 아주 긴 토의를 합니다. 먼 저 쉬운 문제 2개, 중간 난이도 문제 2개를 정합니다. 이 4개 문제는 대 수, 조합, 기하, 정수 분야에서 골고루 한 문제씩이어야 합니다. 그리 고 최종적으로 아주 어려운 문제 2개를 고르는데 이 두 문제는 분야에 상관없습니다. 최종 문제가 결정된 후 문제의 영어버전을 먼저 작성하 고(이 과정도 간단하지는 않습니다) 그것을 바탕으로 각 나라 단장들이

국제수학올림피아드에서 코디네이터와 점수를 협상하는 모습

각자의 언어로 문제를 번역합니다. 문제 선정과 작성을 마친 다음에는 이틀 밤낮에 걸친 긴 회의를 통해 문제 채점 기준을 정하지요.

아이들의 답안을 채점하는 과정도 간단하지 않습니다. 먼저 각국의 단장, 부단장 등이 자기 학생들의 답안을 가채점합니다. 그런 다음 주최국의 코디네이터들과 협상해 학생들의 최종 점수를 결정합니다. 이 협상 과정을 '코디네이팅'이라고 합니다. 이때 각국 단장단의 교수들은 점수를 높이려 하고 코디네이터들은 공정해야 하니 서로 긴장한 상태에서 긴 토론을 하는 경우가 많습니다. 1~2점 차이로 학생들의 메달 색깔이 바뀌고 해석하기에 따라 받을 수 있는 점수가 달라져서 단장단은 '수학적으로 합리적인' 주장을 잘 만들어 코디네이터들을 설득해야 합니다. 최종 결정권은 코디네이터들이 쥐고 있는 셈입니다. 합의를 보지 못하면 나중에 단장회의에 상정해야 하는데 그때 단장들이 코디네이터들의 의견을 무시하고 해당 단장의 주장을 받아들이는 경우는 거의 없기 때문이지요.

코디네이팅이 다 끝나면 최종 단장회의가 열리고 여기에서 메달 커트라인이 결정됩니다. 금메달은 참가자 총원의 1/12에게, 은메달은 1/6에게, 동메달은 1/4에게 수여합니다. 참가자의 50퍼센트가 메달을 받게 되는 셈이지요. 금메달 커트라인은 대개 42점 만점에 30점 내외, 은메달은 23점 내외이지만 문제 난이도에 따라 크게 달라지기도 합니다. 단체 순위는 6명 학생들의 점수를 합산한 총점으로 정합니다(단, 물리, 화학 등 다른 과학올림피아드는 올림픽과 같이 메달 수로 정합니다).

그럼 국제수학올림피아드 대표는 어떻게 선발할까요? 한국수학올림피아드 최종시험이 끝난 후 대한수학회 한국수학올림피아드위원회에서는 한국수학올림피아드 2차 시험(11월), 겨울학교 모의고사(1월), 아시아태평양수학올림피아드(3월 중순), 한국수학올림피아드 최종시험(3월 말) 4개의 성적을 가중치를 곱해서 더한 합계 점수로 상위 15명 정도를 선발합니다.

아시아태평양수학올림피아드의 개요

분류	아시아태평양수학올림피아드(APMO)
시기	매년 3월 중순
대상	아시아-태평양 지역의 약 40개국, 각 나라의 10~100명
시험 방법	5문항 35점 만점 / 4시간
시상	각 나라에서 채점 후 상위 10명의 성적만 주관국에 보고
기타	지난 10여 년간 단체 1위를 대한민국 또는 미국이 차지했다.

이 학생들을 국제수학올림피아드 최종후보라고 합니다. 이들을 대상으로 국제수학올림피아드와 똑같은 형식의 국제수학올림피아드 모의고사*를 이틀에 걸쳐 봅니다. 그리고 이 마지막 시험과 그 이전의 점수를 합해 최종 6명의 대표를 선발하게 됩니다.

---

* 국제적으로는 Team Selection Test(TST)라고 부른다. TST 문제는 보통 국제수학올림피아드 쇼트리스트에서 골라서 출제한다.

국제수학올림피아드 대표 선발 과정

10월 말~11월 초 한국수학올림피아드 2차 시험	1월 겨울학교 모의고사	3월 중순 아시아태평양 수학올림피아드	3월 말 한국수학올림피아드 최종시험

4개 성적에 가중치를 곱해 더한 합산 기준

15명 선발

↓

국제올림피아드 모의고사

마지막 시험 점수에 이전 점수 합산

6명 선발

이 과정에서 아슬아슬하게 탈락하는 학생들이 있기 마련이고 그들은 심한 좌절을 경험합니다. 진행하는 교수들 입장에서도 이 부분이 가장 어렵습니다. 그렇게 탈락한 학생들의 실력은 사실 선발된 학생들과 거의 차이가 없습니다. 하지만 그들이 느낄 좌절감은 크지요. 그래도 인생지사 새옹지마, 결국 그들은 그런 아픔의 경험을 통해 더욱 훌륭한 사람이 될 수 있으리라 믿습니다. 실제로도 그들 대부분 학업적으로 아주 좋은 성취를 이루는 걸 볼 수 있었습니다.

✐ 대한민국은 왜 강할까?

앞서 이야기했듯 국제수학올림피아드에서 한국은 최강국입니다.

110개국 관계자들은 늘 그 이유를 궁금해하지요. 이런 궁금증은 국내에서도 마찬가지입니다. 하지만 대개 사교육 열풍과 높은 교육열 때문이라고 생각하고 넘기는 분위기인데 정말 그게 전부일까요?

사교육은 한국수학올림피아드의 입문 단계에서는 크게 도움이 될지 몰라도 대표급 학생들의 실력을 더 높이는 데는 별 역할을 하지 못합니다. 최고 수준의 학생들 중 대다수가 서울과학고에 입학하는데 입학 후 그들은 더 이상 수학올림피아드 학원에 다니지 않습니다(과학이나 영어 공부를 위해 주말에 학원을 다닌다는 이야기는 들었습니다). 경시대회 학원에서는 그런 수준의 아이들을 지도할 역량도 되지 않고 설혹 역량이 되더라도 아이들은 혼자서 한 문제라도 더 풀어 보는 것이 도움이 된다는 걸 스스로 잘 알고 있습니다.

그래도 높은 교육열은 어느 정도 영향을 미친 것 같긴 합니다. 하지만 그렇다면 우리만큼이나 교육열이 높은 싱가포르, 인도, 타이완, 홍콩, 일본 등의 아시아 국가들은 왜 성적이 그다지 좋지 않을까요? 대표 6명만 참가하는 국제수학올림피아드에서보다 각 나라의 최상위권 수십 명씩이 참가하는 아시아태평양수학올림피아드에서는 그 차이가 더 극명하게 드러납니다.

대한민국의 경쟁 상대인 중국, 미국, 러시아가 강한 것은 쉽게 이해가 됩니다. 그 나라들은 인구가 많고 과학의 전통도 깊습니다. 또한 땅이 넓어 지역 예선이 활발하게 이루어지지요. 미국의 예를 들어 볼까요(중국과 러시아도 유사합니다). 한 학생이 최상위급까지 성장하는 과정은 대충 다음과 같습니다. 학생이 수학을 잘해서 자기가 사는 카운티(또는 소도시)의 대표가 됩니다. 그러면 그 학생은 큰 자부심을 갖고 다음 단계를 위해 두어 달 열심히 공부합니다. 그래서 더 큰 지역의 대표가 되고, 또다시 열심히 공부해 주 대표가 됩니다. 주 대표가 되는 것은 큰 영광이고 대학 입학 시에도 큰 도움이 됩니다. 주 대표들 수백명 중에서 다시 수십 명을 선발합니다. 그리고 그들만이 모여서 하는 캠프에서 여러 번의 시험을 치르고 난 다음에야 비로소 국제수학올림피아드 대표가 되지요(물론 지역 예선부터 올라온 학생들은 대부분 중간 어디에선가 탈락하고 내년을 기약합니다). 이렇게 한 단계에서 그 위 단계로 가는 과정에서 자부심을 갖고 수학 공부에 몰입할 충분한 시간을 가질 수 있다는 게 핵심입니다.

반면 우리는 조그만 나라이기에 지역 예선이라는 것이 없습니다. 인구도 그다지 많지 않지요. 그럼에도 수학올림피아드에 강한 데 대해 저는 세 가지 요인을 꼽습니다.

첫째는 조기 교육이 활발하게 이루어지고 있기 때문입니다. 조기 교육이 두뇌 발달에 도움이 되는 건 당연하고 이에 학습지, 학원 등이 상당한 역할을 합니다.

둘째는 대한민국의 최고급 교수들이 직접 출제와 교육에 참여하고 있다는 점입니다. 일본이나 유럽의 대다수 나라들은 소수의 수학올림피아드 관계자들만이 출제와 교육에 참여합니다. 하지만 우리나라는 수학자들의 관심이 높은 만큼 출제되는 문제도 수준이 높고 교육의 질이 좋습니다. 그 나라의 수학올림피아드 문제의 수준은 국제수학올림피아드에서의 순위와 거의 비례합니다. 문제의 수준이 높다는 건 문제의 창의성이 좋고(올림피아드에서는 원래 이미 존재하는 문제는 출제하지 않는 것이 원칙입니다) 난도가 높다는 뜻입니다.

마지막으로는 국제수학올림피아드 대표 출신 조교들이 열성적으로 후배들의 교육에 참여하기 때문입니다. 선배들은 후배들을 가르치는 것을 즐거워하고, 후배들은 계절학교에서 선망의 대상인 선배들의 지도를 받으며 자신도 대학에 입학하면 저 선배들처럼 후배들을 가르치고 싶다는 마음을 품게 됩니다. 이러한 훈훈한 환경이 전통으로 잘 자리 잡고 있는 덕에 교육의 효과도 큽니다. 조교들이 계절학교에서 내

2017년 브라질 국제수학올림피아드 종합 우승 당시 시상식을 마친 한국팀

주는 퀴즈 문제의 수준 또한 높으며, 계절학교 후에 약 7주간 이어지는 통신강좌도 내용이 아주 좋습니다. 통신강좌 교재는 매번 조교들이 자기가 평소 학생들에게 필요하다고 생각하고 있던 내용을 넣어 새로이 작성합니다. 교재와 함께 매주 보내 주는 문제 3개도 그 수준이 아주 높습니다. 이 두 번째, 세 번째 요인으로 인해 계절학교, 통신강좌, 주말교육 등의 한국수학올림피아드 교육 프로그램은 매우 효율적으로 작동하고 있습니다.

📎 수학·과학 올림피아드의 그림자

수학 · 과학 올림피아드가 교육부로부터 외면받기 시작한 지도 10년이 넘었습니다. 올림피아드가 사교육을 키우는 주요 요인이라는 지적 하에 교외 경시대회 수상 기록을 학교생활기록부에 기재하지 못하게 하면서 시작된 올림피아드 억제 정책은 여전히 존속하고 있습니다. 이는 단순히 학교생활기록부에 기재하지 못하는 것으로 그치지 않습니다. 한국수학올림피아드에서 금메달을 받을 정도의 최고 수학 영재들은 중고등학교 과정에서 열심히 한 것이 수학밖에 없는데 대학 입학원서를 낼 때 자기소개서에도 자신의 그런 과거 이력을 서술할 수가 없습니다. 아버지를 아버지라 부르지 못하는 홍길동과 같은 꼴인 셈이죠. 수학 영재들은 열심히 수학 공부를 해서 올림피아드에서 상을 받았을 뿐인데 이를 부정당하는 상황을 이해하지 못합니다. 결국 우리 사회에 대해 커다란 원망을 품은 채 고등학교를 졸업합니다.

과학고등학교와 과학영재학교 입시에서도 중학생들이 유사한 불이익을 받기 때문에 수학·과학 올림피아드 응시생 수가 크게 줄어서 올림피아드는 큰 위기에 봉착해 있습니다. 참가자 수가 가장 많다는 수학올림피아드조차 고등부에서 서울과학고를 제외한 다른 영재학교의 참가자는 아주 적습니다. 수학올림피아드는 그나마 상황이 조금 나은 편이고 다른 과학올림피아드는 더 큰 위기에 빠져 있습니다.

올림피아드에서 수학과 과학은 다른 점이 많지만 정책입안자들은 그 차이를 잘 인정하지 않고 있습니다. 수학은 초등학교·중학교 과정에서 누구나 공부하게 되고 그러다가 자연스럽게 영재성이 발굴돼 수학올림피아드로 진출하지만(이 점에서는 물리나 정보도 어느 정도는 비슷합니다) 다른 과학올림피아드는 사교육 의존도가 매우 높습니다. 사교육을 받지 않고 과학 분야에서 혼자 실력을 키워 과학영재교육원에 입학하거나 과학올림피아드에서 성적을 내는 것은 매우 어렵습니다. 경쟁 상대도 그다지 많지 않은 편이고요. 반면 한국수학올림피아드에서 메달을 받을 수준의 영재들은 (사교육을 받은 학생들이 대다수이기는 하지만) 나라 전체의 영재들과 경쟁하는 것과 다름없고, 탁월한 재능과 열의가 있어야만 그 수준까지 도달할 수 있기에 사교육의 유무가는 중요한 이슈가 아닙니다. 실제 우리나라 중고등학생들 중 반 이상이 수학 사교육을 받고 있는 상황이고, 고등학생 중 한국수학올림피아드 1차 시험에 지원하는 학생들의 수는 전체 학생의 0.1퍼센트 이내입니다. 본선인 2차 시험은 훨씬 더 적지요. 그런 최상위권 학생들에 대한 사교육 이슈는 우리 사회 전체의 사교육 문제와는 큰 상관관계가 없을 것입니다. 이렇게 수학은 다른 과학 분야들과는 발굴 과정 및 경쟁 구도가 크게 다른데도, 다름을 잘 인정하지 않는 우리 문화에서는 "수학올림피아드는 달라요."라고 외쳐도 듣는 이가 많지 않아 안타깝습니다.

PART

4

영재를 넘어
인재로

재능이 먼저일까, 노력이 먼저일까

앞에서 말했듯 대중은 천재를 좋아합니다. 하지만 반면에 천재에 대해 묘한 이중성을 갖습니다. "재능보다 노력이 중요하지", "천재성은 성공이랑 무관해" 등과 같은 말들로 말이죠. 어떤 분야이건 천재적 재능을 가진 뛰어난 사람을 보면 그 재능에 주목하고 놀라워하면서도 재능보다 노력에 더 포커스를 맞추고 싶어 합니다. 즉, 마음으로는 천재를 좋아하지만 머리로는 노력을 더 높게 보는 것이죠.

헤르만 헤세Hermann Hesse의 소설 《지와 사랑》 속 나르치스와 골드문트가 대변하는 '이성'과 '감성'의 대비처럼 '천재성'과 '노력'은 정반대 방향을 가리키는 듯하지만 실은 서로 잘 조화를 이루어야 하는 것들입니다.

"천재는 99퍼센트의 노력과 1퍼센트의 영감으로 이루어진다."라는 토머스 에디슨Thomas Edison의 명언을 많은 사람들이 좋아하는 것도 그

앙리 푸앵카레

다비트 힐베르트

때문이겠지요. 그런데 에디슨 말의 방점은 사실 노력이 아닌 '영감'에 찍혀 있었습니다. 한 기자가 에디슨에게 성공의 비결을 물었고, 에디슨이 "99퍼센트 노력이다. 하지만 많은 사람이 노력을 한다. 난 그들이 가지고 있지 않은 1퍼센트의 영감이 있다."라고 답했던 것입니다. 그런데도 '노력'을 강조하는 뜻으로 전해져 왔다는 건 아마도 그만큼 사람들이 그 이야기를 더 듣고 싶었던 게 아닐까요? 흥미롭게도 사회적·정치적 이슈에 보수적인 사람들은 천재성을 중시하고, 진보적인 성향의 사람들은 노력을 중시하는 경향이 있다고 합니다.

19세기 말에서 20세기 초 사이 쌍벽을 이루는 두 위대한 수학자가 있습니다. 프랑스의 앙리 푸앵카레Henri Poincaré와 독일의 다비트 힐베르트Daivd Hilbert입니다. 두 사람은 프랑스인과 독일인의 기질 차이만큼이나 수학자로서의 기질과 천재성이 달랐습니다. 푸앵카레는 빛나는 수학적 재능으로 주변 수학자들을 주눅 들게 하고, 수학의 모든 분야와 물리학에 탁월한 전문 지식을 갖고 있어서 수학에서는 그를 마지막 만능인(universalist)이라고 부릅니다. 그는 20세기 수학의 꽃이라 불리는 위상수학의 창시자이기도 하지요. 반면 힐베르트는 빛나는 재능의 소유자는 아니지만 꾸준히 노력하고 깊이 생각함으로써 남들이 풀지 못하던 문제를 결국 풀어내는 능력과 수학 전반에 대한 뛰어난 통찰력을 갖고 있었습니다. 후대 사람들은 이 중 누구를 좀 더 심정적으로 지지할까요? 만일 인기 투표를 한다면 49:51 정도로 힐베르트가 이기지 않을까 예상해 봅니다.

천재에 대한 편견 중 하나가 천재는 성공과 거리가 멀다는 것입니다. 1916년 미국 스탠퍼드대학교의 심리학자 루이스 터먼Lewis Terman은 기존의 비네-사이먼(Binet-Simon) 지능검사를 개선해 새롭게 개발한 지능검사에 관한 책을 출간했습니다. 이 검사가 바로 '스탠퍼드-비네(Stanford-Binet) 검사'입니다. 지능검사의 가장 유명한 개척자인 그는 1921년에 아주 흥미로운 실험을 합니다. 캘리포니아에 있는 초등학교와 중학교 학생 중 지능지수가 135를 넘는 영재들 약 1,500명을 가려낸 다음 그들의 평생을 추적하는 연구였습니다. 높은 지능을 가진 아이들이 성장해서 과연 성공한 사람이 될 확률이 보통 아이들보다 얼마나 더 높은지를 조사하고자 했던 것입니다. 이 연구팀은 1990년대 후반까지 터먼의 후계자 로버트 시어스Robert Sears, 시어스의 후계자 알 해스토프Al Hastorf 등 3대에 걸쳐 종적(longitudinal) 연구를 수행했습니다. 이 연구가 유명한 것도 오랜 시간에 걸친 종적 연구의 상징이 됐기 때문입니다. 연구 결과는 어땠을까요?

결론을 내는 일은 쉽지 않았습니다. 우선 '성공'이 간단한 개념이 아닌 데다가 세월이 지나면서 성공의 정의가 빠른 속도로 바뀌었기 때문이지요. 그리고 '추적'이라는 게 5년 내지 10년에 한 번씩 전화를 걸어 물어보는 것이었는데 그렇게 얻은 데이터를 통계적으로 정리해 어떤 특정 결론을 내리기가 무척 어려웠습니다.

그런데 후대 사람들이 이 종적 연구 결과를 자신의 입맛에 맞게 재단하게 됩니다. 특히 최근 한국에서는 터먼의 연구 결과를 '타고난 지능은 영재가 성장해 성공하는 것과 아무 관계가 없다'라고 여기는 사람들이 많습니다. 그러면서 다음과 같이 이야기합니다.*

터먼은 그의 종적 연구에 들어가기에 앞서 다음과 같은 가설을 세웠다.

"이 아이들이 각계의 최고 엘리트가 되어 성공적인 인생과 영웅적

---

* https://www.valuetimes.co.kr/Opinion/?idx=13757996&bmode=view
또는 https://post.naver.com/viewer/postView.nhn?volumeNo=9907304&memberNo=39219110 등 다수.

인 지위를 누릴 것이다." "개인의 성공에 지능만큼 중요한 것은 없다."

하지만 수십 년이 지나도 터먼의 천재 집단에서는 세상을 놀라게 할 만한 뛰어난 업적을 남긴 사람은 없었다. 물론 사회적으로 성공한 사람들은 몇몇 있었으나 그 비율은 그저 평범한 아이들 1,500명 중에 성공한 사람이 나오는 비율과 비슷했다. 수십 년의 추적 조사 끝에 터먼은 다음과 같은 결론을 내릴 수밖에 없었다.

"IQ는 성공과는 아무 관계가 없다."

아마도 이런 이야기들은 터먼이 애초에 그의 지능검사에 단순히 지능만이 아니라 성격, 인격, 관심을 포함시켰던 것을 오해한 것이 아닌가 추측됩니다. 실은 터먼과 그의 후계자들의 결론은 이와는 정반대입니다. 터먼은 "영재는 학업성취도에서 뛰어나다"와 "영재는 지성적으로만이 아니라 감성적으로도 성숙하다"는 보고서를 냈습니다. 그리고 오랜 종적 연구의 결과로 다음과 같은 결론을 발표했습니다. "영재들은 평균적인 대학 졸업생들을 훨씬 상회하는 사회적 성공과 높은 수준의 자기 만족도를 얻었다."*

다음과 같은 글도 있습니다.**

오하이오주립대학교의 제이 자고스키Jay Zagorsky 교수가 청소년 장

---

* https://education.stateuniversity.com/pages/2499/Terman-Lewis-1877-1956.html
** https://post.naver.com/viewer/postView.nhn?volumeNo=9907304&memberNo=39219110

기 연구 프로젝트에 참가한 7,403명을 대상으로 실시한 연구에서는 IQ와 자산 사이에는 아무런 상관성이 없음을 확인했다. 많은 연구들은 IQ와 성공은 거의 상관관계가 없다는 것을 보여 준다.

이것도 자고스키 교수의 결론과는 정반대 내용을 담고 있습니다. 자고스키 교수가 2007년에 쓴 지능지수와 자산 사이에 대한 연구 논문*의 결론은 다음과 같습니다.

"연구 결과는 지능지수와 개인 자산 사이에 밀접한 관계가 있다는 다른 연구자들의 연구 결과를 재확인한다. 분석 방법과 어떤 특정 요소를 상수로 놓느냐에 따라 지능지수의 점수 1점마다 연간 수입이 202달러에서 616달러 사이의 차이를 낳는다는 결론을 얻었다. 이 말은 지능지수가 평균(100점)인 사람과 상위 2퍼센트(130점)인 사람과의 연간 수입은 6,000달러에서 1만 8,000달러 정도 차이가 난다는 뜻이다."

이 연구는 미국 노동통계청의 '1979 젊은이 국가종적조사(National Longitudinal Survey of Youth 1979 cohort)'의 데이터를 근거로 한 것입니다. 영재의 재능은 개인적인 노력, 성품 등과 잘 어울려야 궁극적으로

---

* Jay Zagorsky, "Do you have to be smart to be rich? The impact of IQ on wealth, income and financial distress", *Intelligence*, Volume 35, Issue 5, September-October 2007, pp.489-501.

좋은 결과를 낼 수 있다는 건 당연합니다. 분야에 따라 탁월한 전문가, 실력자가 되는 데 재능은 필요조건입니다. 그런데 사람들은 이 말을 원하는 바에 따라 정반대의 의미로 사용합니다. 재능의 중요성을 주장하는 사람들은 "꼭 필요하다. 없어서는 안 된다."라는 의미로, 재능보다 다른 요소가 더 중요하다고 주장하는 사람들은 "재능은 필요조건일 뿐이다."라는 의미로 사용하는 것이지요.

세상의 모든 일은 양면성을 갖습니다. 재능도 마찬가지입니다. 재능으로 인해 남들보다 잘 살 수도 있고, 재능으로 인해 고통받을 수도 있습니다. 세상에는 얻는 것이 있으면 잃는 것도 있고, 잃는 것이 있으면 얻는 것도 있는 법입니다.

🖇 학업 성취에 영향을 미치는 개인 성향

앞에서 뛰어난 학업 성취를 위해서는 타고난 재능 외에 개인적인 성향이 중요하다는 이야기를 했습니다. 그리고 '겸손'이라는 기초적인 요소가 다른 개인 성향에 미치는 영향에 대해서도 이야기했습니다. 여기서는 개인 성향에 대해 좀 더 학문적인 이야기를 해 보고자 합니다. 미국의 심리학자들 중에는 훌륭한 학업 성취를 이루기 위해서는 타고난 지능보다는 다른 심리적 요소들이 더 큰 영향을 미친다고 생각하는 학자들이 꽤 많고 그들의 생각을 뒷받침하는 연구 결과들도 많이 있습니다.

개인 성향에 대한 '5개 요소 모델(five-factor model)'이 있습니다. 여기서 5개 요소란 '외향성(Extraversion)', '우호성(Agreeableness)', '성실성(Conscientiousness)', '신경증(Neuroticism)', '경험에 대한 개방성(Openness to experience)'입니다. 이때 신경증은 걱정, 분노, 자기연민, 강박, 불안정 등 불쾌한 정서를 쉽게 느끼는 성향을 말합니다. 이 요소들은 각 첫 글자를 따서 'OCEAN'이라 부르고, 이 요소들을 통해 성취와 개인 성향의 관계를 연구하는 학자들을 'OCEAN 5요소 이론가(five-factor theorist)'라고 합니다. 사람에 따라서는 'Five-Factor Model'의 첫 글자를 따 'FFM 이론'이라고 부르거나 그냥 'Big 5'라고 부르기도 하지요. 이는 폴 코스타 주니어Paul Costa Jr.와 로버트 매크래Robert MaCrae에 의해 구성된 모델로, 현대 심리학에서 널리 인정받고 있는 요인 분석을 기반으로 하는 성격 특성 이론입니다. 매크래와 올리버 존Oliver John의 논문*은 이 5개 요소가 얼마나 광범위한 영역에서 신빙성 높게 활용되어 왔는지를 잘 설명하고 있습니다. 이 이론을 토대로 한 검사로는 'NEO PI-R 검사'가 있습니다. 학자들은 대개 이 5개 요인을 개인의 유전에 의해 가지고 있는 것, 즉 타고난 성향으로 가정하고 연구합니다. 따라서 검사도 (지능검사와 마찬가지로) 타고난 잠재적 성향을 측정하는 것을 목표로 하고 있지요. 이 이론의 여러 장점 중 하나는 세계의 다양한 문화권의 사람들을 대상으로 연구하고 적용이 될 수 있다는 점

---

* Robert McCrae & Oliver John, "An Introduction to the Five-factor Model and Its Applications", *Journal of Personality*, 60(2), 1992.

입니다.

아서 포로팻Arthur Poropat은 약 7만 명의 학생들을 대상으로 학업 성취와 5개 요소의 상관관계를 연구하였는데* 그는 논문을 통해 다음과 같은 두 가지 결과를 발표했습니다. 첫째는 뛰어난 학업 성취를 이루는 데는 A(우호성), C(성실성), O(경험에 대한 개방성)가 지능지수보다 더 상관관계가 깊다는 것이고, 둘째는 C(성실성)가 학업 성취에 미치는 영향의 정도는 해당 학생의 지능지수가 높고 낮음과는 아무 관계가 없다는 것입니다.

FFM 이론은 요즘 한국에서 크게 유행하는 MBTI와 유사한 점이 많이 있습니다. MBTI는 작가 캐서린 브리그스Katharine C. Briggs와 그녀의 딸 이사벨 마이어스Isabel B. Myers가 1944년에 개발한 자기보고형 성격 유형 검사로, 사람의 성격을 16개 유형으로 나누어 설명합니다. 하지만 이 검사는 자기보고형 검사에 기반하고 있다는 점, 전문가에 의해 개발된 것이 아니라는 점, 너무 오래전에 개발되었다는 점 등의 취약점이 있는 데다가 일관성과 신뢰도 면에서 FFM 이론보다 뒤지는 것으로 알려져 있습니다.**

---

* Arthrur Poropat, "A meta-analysis of the five-factor model of personality and academic performance", *Psychological Bulletin*, 135(2), 2009.

** Ken Randall, Mary Isaacson and Carrie Ciro, "Validity and Reliability of the Myers-Briggs Personality Type Indicator", *Journal of Best Practices in Health Professions Diversity*, Vol. 10, (1), 2017, pp.1-27.

Timo Gnambs, "A meta-analysis of dependability coefficients (test-retest reliabilities) for measures of the Big Five", Journal of Research in Personality, 52, 2014, pp.20-28.

또한 최근 심리학자들은 학업 성취에 관해 '작업 기억(working memory)'이라는 것에 주목하고 있습니다. 이것은 '새로운 IQ'라고 불릴 정도로 학업 성취 예측도가 높은 것으로 알려져 있습니다.[*] 많은 학자들이 이를 초등학교 저학년 아이들의 미래 학업 성취를 예측하는 데 지능지수보다 더 강력한 요소라고 믿고 있습니다. 작업 기억이란 자신이 작업하고 있는 길을 유지하며, 어떤 정보를 토대로 작업하는지를 인지하는 인지 시스템을 말합니다. 다시 말하자면 정보를 일시적으로 유지하면서 학습, 이해, 판단 등을 계획하고 수행하는 능력입니다. 작업 기억은 일시적으로 저장하는 기억이기 때문에 단기 기억의 일종이라 할 수 있습니다. 단기 기억과 작업 기억 차이점은 단기 기억은 정보를 가공 없이 그대로 기억하고 유지하는 반면, 작업 기억은 '정보의 조작(작업)'이 수반된다는 데 있습니다.

이 두 기억의 차이는 다음과 같은 단순한 수학 계산을 하는 과정을 통해 쉽게 이해할 수 있습니다. 17×4를 계산할 때, 단순히 17×4를 보고 그것을 기억하는 것은 단기 기억이지만 17×4를 계산하는 각 단계에서는 작업 기억이 필요합니다. 먼저 $7 \times 4 = 28$을 구한 후에 그것을 기억하고, 다음에 $10 \times 4 = 40$을 구한 후에 그것을 앞에서 구한 28과 더해 68이라는 답을 구하는 과정에서 작업 기억이 작용하는 것입니다.

---

[*] Tracy Packman Alloway, Ross Alloway, "Investigating the predictive roles of working memory and IQ in academic attainment", *Journal of Experimental Child Psychology*, 206(1), 2010, pp.20-29.

고등학생들이 수학 문제를 잘 풀기 위해 가장 신경 써야 할 부분도 바로 작업 기억입니다. 문제에서 주어진 '조건'(또는 그 문제에 도입된 개념)을 일단 머리에 넣은 다음 작업에 임해야 하는데 그 첫 단계가 잘 안 되는 학생들이 많습니다. 그래서 수학 선생님들이 학생들에게 "문제가 잘 안 풀릴 때는 주어진 조건을 다시 읽어 보라"고 말하는 것입니다.

고등학생이나 대학생을 대상으로 한 '논리적 사고력 문제'에 있어서도 작업 기억이 매우 중요하다는 것을 알 수 있습니다. 저는 대학교 1~2학년생들을 대상으로 '수학논리 및 논술'과 '집합론'을 오랫동안 강의해 왔습니다. 학생들에게 논리 문제 퀴즈를 내면 그것이 아무리 간단해도 학생들은 아주 어려워합니다. 뭘 어떻게 시작해야 할지 몰라 하는 경우가 대부분이지요. 학생들의 두뇌 회전이 딱 멈추는 것 같다는 느낌을 받을 때가 많습니다. 잘 관찰해 보면 학생들이 시작조차 못하는 이유는 새로운 정의나 주어진 조건을 머릿속에 넣고 문제를 풀기 시작해야 하는데 이 첫 단계가 잘 이루어지지 않기 때문입니다. 그래서 대다수의 학생들에게 논리적 사고를 통해 무엇인가를 풀어 가는 것보다 더 중요한 것은 시작 단계(또는 중간 단계)에서의 기본적인 작업 기억이라고 할 수 있습니다.

작업 기억은 반드시 학생들의 학업에서만 중요한 것이 아니라 성인이 된 후에도 자신이 하고 있는 일과 연관하여 새로운 지식이나 개념을 익히고 적용하는 과정에서도 필요합니다. 한 회사에 새로 입사한 사원이 회사의 주요 업무를 파악하고 실행하는 과정, 기존의 사원들이 새로운 프로젝트를 기획하고 수행하는 과정, 중요한 사안에 대하여 판단하고 결정하는 과정 등 여러 가지 방면에서 작업 기억은 중요한 요소로 작용할 수 있습니다.

학업 성취와 관련해 '자기통제력(Self-discipline)'에 주목하는 학자들도 있습니다. 자기통제력이란 자신의 감정이나 정신 상태와 무관하게 성취 동기를 유지하며 어려움을 헤치고 앞으로 나아가는 능력을 말합니다. 자기동기(Self-motivation)나 의지력과는 조금 다른 개념입니다. 이것은 자신의 의지와 노력을 통하여 성취를 이루는 과정에 필요한 힘으로, 자기동기, 의지력, 지속성 등은 이것에 기여하는 요소들입니다. 최근 자기통제력의 효력과 그것을 기르는 방법 등에 대한 다양한 연구가 이루어지고 있습니다.*

---

* Emily Cooper, *Self-Discipline*, 2021 등.

인재가 된
영재들

성공이란 명확하게 정의할 수 없는 것이지만, 타고난 재능을 노력으로 열심히 갈고닦아 인재로 잘 자란 영재들을 보면 꽤 성공한 삶이라는 생각이 듭니다. 인재가 된 수많은 영재들이 있지만 그중에서도 함께 이야기해 볼 만한 몇몇 사람들을 살펴보며 그들이 어떻게 인재가 될 수 있었는지 생각해 보고자 합니다.

✎ 수학계의 모차르트, 테런스 타오

2006년 스페인 마드리드에서 열린 세계수학자대회(ICM)에서 필즈 메달을 수상한 테런스 타오Terrence Tao는 수학계의 모차르트라 불릴 정도로 어린 시절부터 천재성을 인정받았습니다. 호주로 이주한 홍콩 출신 부모 사이에서 태어난 타오는 호주 대표로 국제수학올림피아드에

세 차례 참가해 11세에 동메달, 12세에 은메달, 13세에 금메달을 수상했지요. 그가 최연소 금메달을 수상한 게 1988년인데 그 기록은 지금까지도 깨지지 않고 있습니다. 그 뒤 타오는 16세에 호주의 지방 대학교인 플린더스대학교를 졸업하고, 20세에 프린스턴대학교에서 수학 박사학위를 받은 뒤 바로 UCLA 교수가 됐으며 24세에 최연소 정교수가 되었습니다. 그리고 2006년 필즈메달을 수상한 것이죠.

그는 자신의 전공 분야인 조화해석학 외에도 조합론, 정수론, 편미분방정식, 표현론 등 다양한 분야에서 연구했고, 세계의 수많은 수학자들과 교류했습니다. 오늘날 그와 같이 다양한 수학 분야에 능통한 학자를 만나는 일은 굉장히 드뭅니다. 전 세계에 하나뿐일지도 모르겠습니다. 현대 수학에서는 각 분야를 연구하려면 알아야 할 이론들

테런스 타오

이 너무 방대합니다. 한 분야에서도 세부 분야와 이론들이 너무 많기 때문이지요. 또한 그는 지금까지 무려 300편이 넘는 논문을 발표하고, 18종의 수학 책을 출간했습니다.

1978년 필즈메달을 받은 세계적인 수학자 찰스 페퍼먼Charles Fefferman은 그에 대해 "풀리지 않는 문제가 있다면 그것을 해결할 좋은 방법은 타오의 관심을 끄는 것입니다."라고 말했습니다.* 그는 또한 "타오가 지금까지 해 온 것보다 더 좋은 연구 결과를 낸다는 것은 상상하기조차 어렵지만 놀랍게도 그는 매년 점점 더 강해지고 있습니다."**라고도 했지요.

타오의 개인 홈페이지(terrytao.wordpress.com)에는 그가 쓴 엄청난 양의 수학 논문과 책의 목록뿐만 아니라 매우 다양한 분야에 관한 그의 글과 에세이, 관심사, 여러 다른 사람들의 글과 정보 등이 올라와 있습니다. 우리는 이 블로그를 통해 그가 평소에 얼마나 왕성하게 활동하고 있으며 얼마나 많은 방면에 관심이 있는지를 실감할 수 있습니다. 그는 이 블로그뿐 아니라 여러 수학 커뮤니티, SNS 등에 자주 글을 올립니다. 그 이유에 대해 그는 자기의 생각을 기록으로 남겨 "머릿속 공간을 확보하기 위해서."라고 말합니다.

그의 블로그에는 재능 있는 아이들을 위해 다음과 같은 조언도 남겨

---

* 2006 Fields Medals awarded, *Notices of the American Mathematical Society*, 53(9), October 2006, pp.1037-1044.

** *Proceedings of the International Congress of Mathematicians*, Madrid, Spain, 2006.

놓았습니다.

첫째, 특별한 목표에 과다하게 집중하지 마라. 예를 들어, 언제 어느 학교를 가고 언제 학위를 받고 어떤 기관에서 어떤 점수를 받고 하는 계획 같은 것 말이다. 장기적으로 이런 성취는 가장 중요한 순간도 가장 결정적인 순간도 아니다. 오히려 과다한 에너지 소비는 자칫 어린이들의 학문적·정서적 발전에 저해가 될 수 있다. 물론 경시대회에 참가하고 열심히 공부해야 한다. 하지만 그곳에서의 성취가 끝이 아님을 명심해야 한다. 그것은 재능, 경험, 즐거움 등을 발전시키기 위한 수단일 뿐이다.

둘째, 자신의 일을 즐기는 것이 매우 중요하다. 이것이 번아웃되지 않고 오랫동안 자신의 성취를 위해 일하게 하는 원동력이다. 부모의 열망보다는 아이 자신의 열망에 따라 교육의 속도가 맞춰져야 한다.

셋째, 부모는 자식의 노력과 성취를 칭찬해야지 자식의 타고난 재능을 칭찬해서는 안 된다.

넷째, 미래의 목표에 대해 유연해야 한다. 아이가 원래 X 분야의 영재이지만 아이 자신이 Y 분야를 좋아하거나 더 잘 맞는다고 생각하면 그것도 좋은 선택일 수 있다. 잘 알려지지 않은 분야라도 아이 자신이 자신 있고 편하게 느낀다면 그 분야를 택하는 것이 많은 사람들이 치열하게 경쟁하는 잘 알려진 분야를 택하는 것보다 나을 수 있다.

테런스 타오가 10세 때 20세기 최고 수학자 팔 에르되시Paul Erdős와 수학 이야기를 나누고 있는 모습(테런스 타오 제공)

또한 그는 자신이 자랄 때 줄곧 월반을 했으며 그런 과정을 통해 대학원까지 마쳤기 때문에 스스로 사회성에 좀 문제가 있다고 생각해 사람들에게(특히 영재들에게) 다른 사람들과의 교류와 협력의 중요성을 자주 강조합니다.

타오는 어릴 때부터 유명한 천재이자 역사에 남을 만한 21세기 초 최고의 수학자이지만 매우 겸손한 사람으로 잘 알려져 있습니다. 또한 매일 자신의 아들과 딸을 학원에 데려다주고, 놀아 주고, 재워 주는 데 꽤 많은 시간을 할애하는 헌신적인 아빠이기도 하지요.

몇 년 전 페이스북 창업자 마크 저커버그Mark Zuckerberg와 IT계 거물 유리 밀너Yuri Milner가 타오에게 획기상(Breakthrough Prize)을 수여한 적

이 있습니다. 이때 타오가 자신은 300만 달러의 상금을 받을 자격이
충분치 않다며 좀 더 많은 사람들에게 나눠 주면 좋겠다는 의사를 전
했다는 뉴욕타임스 보도가 있었지요. 나중에 결국 상금을 받긴 했지만
그조차 개발도상국의 대학원생들을 위한 장학금, 미국 고등학교 영재
를 위한 장학금으로 사용했다고 합니다.

　이런 그의 겸손과 헌신은 부모의 교육에서 비롯됐습니다. 아버지 빌
리 타오 박사는 중화권의 철학에 따라 타오에게 아무리 성공한 사람이
라도 "아니요, 저는 그냥 평범한 사람입니다."라고 말해야 한다고 가르
쳤습니다. 테런스의 두 남동생들도 고도영재였고 국제수학올림피아
드 호주 대표선수였습니다. 바로 아래 동생은 체스 인터내셔널마스터
(IM)인 데다 음악에도 뛰어난 소질을 지녔습니다. 막냇동생은 컴퓨터
엔지니어로 일하고 있습니다.

　타오의 박사과정 제자였던 카이스트의 권순식 교수는 〈수학 동아〉
와의 인터뷰에서 타오에 대해 다음과 같이 말했습니다.

　저는 타오 교수로부터 '책만 보고 공부할 때보다 대화하며 배울 때
더 쉽게 이해된다'는 것을 처음 깨달았어요. 그는 항상 제게 어떤 내용
을 설명할 때 책에 적힌 내용과는 다른 방법으로 설명했어요. 자신의
방식대로 완벽히 이해한 다음, 그걸 제 수준에 맞춰 재구성해서 설명
해 줬죠. 인성적으로도 존경할 부분이 많습니다. 사소한 부분이지만
항상 수업이 끝나면 칠판에 적힌 내용을 다 지우고 나갔어요. 직전에

수업한 사람이 칠판을 안 지우면 그다음 사람이 지워야 하잖아요. 한 번도 빼놓은 적이 없었어요.

타오 교수와 정기적으로 만나 연구 이야기를 나눌 때 한번은 한 시간 동안 설명을 해 줬는데 제가 이해를 못한 적이 있어요. 저도 다시 물어보기 민망해서 그냥 연구실을 나왔는데 타오 교수가 제 낌새를 알아차렸는지 그날 저녁 10시쯤 자신이 설명한 내용을 5쪽으로 잘 요약해 보내 주었더라고요. 그때 정말 감동했죠. 저도 이렇게 소통을 잘하는 교수가 되려고 지금도 노력 중입니다.

타오 교수가 제 전공 분야뿐 아니라 더 다양한 분야에 관심을 갖게 되면서 자주 볼 기회는 없습니다. 하지만 저는 늘 그와 연결되어 있다고 느낍니다. 틈날 때마다 그의 블로그를 보며 지금 수학계가 어디로 나아가고 있는지 어디로 향해 갈 것인지 등을 생각해 볼 수 있거든요. 그의 통찰력을 계속 배우며 저도 조금씩 나아가고 있습니다.

📎 아시아계 인재들

중국계 미국인 레나드 응Lehnard Ng도 한때 미국에서 가장 똑똑한 학생으로 알려졌습니다. 그가 수학자로 성장해 온 과정은 테런스 타오와 닮아 있습니다. 응은 존스홉킨스 영재교육원에서 교육을 받았는데, 10세에 SAT 수학에서 800점 만점을 받고, 11세에는 각종 시험에서 만점을 받으며 유명해졌지요. 14세부터는 3회 연속으로 국제수학올림피아드 미국 대표로 참가해 각각 은메달 1개, 금메달 2개를 받습니다. 16세에 하버드대학교에 입학했고, 3년 만에 최고 성적으로 졸업합니다. 대학교 때 3년 연속 퍼트넘 펠로우가 되기도 했는데 16세에 펠로우가 된 것은 아주 드문 일입니다. 그는 현재 듀크대학교 수학 교수로 재직 중이며, 세계 최고 수준의 기하학자입니다.

2010년 필즈메달을 수상한 베트남의 응오바오쩌우Ngo Bao Chau도 어릴 때부터 유명한 천재였습니다. 그는 국제수학올림피아드에서 두 번 금메달을 수상했는데 그중 한 번은 42점 만점을 받았습니다. 원래 베트남은 수학에 아주 강한 나라입니다. 1990년대 말까지만 해도 국제수학올림피아드에서 우리나라보다 훨씬 강했지요. 지금도 매우 강합니다. 2022년, 2023년 국제수학올림피아드에서는 각각 4위와 7위를 차지한 바 있습니다.

홍콩의 마치 보에디하르조March Boedihardjo도 성공한 영재 중 한 명입니다. 9세에 홍콩침례대학교에 입학해 13세에 학사 · 석사 학위를 받으며 졸업했고, 19세에 미국 텍사스 A&M 대학교에서 박사학위를 받은 후 UCLA 조교수 등을 거쳐 지금은 유명한 취리히연방공과대학교(ETH)에서 연구원으로 일하고 있습니다. 그는 응용수학자인데 지난 몇 년간 매년 엄청난 수의 논문을 발표하고 있지요.

이렇게 아시아계에도 눈에 띄는 활약을 하고 있는 영재들이 생각보다 많이 있습니다. 이들을 보면 우리도 건강한 승부욕을 느끼게 됩니다. 많은 아이들에게 경쟁심은 효율적인 학습 동기입니다.

📎 동료와 라이벌

구체적인 경쟁자가 없더라도 남보다 잘한다는 걸 보여 주고 싶은 욕구, 칭찬을 듣고 싶은 욕구는 학습 의지를 키웁니다. 특정 경쟁자가 자신과 가까운 사이일 때 생기는 자연스러운 경쟁심은 학습 의지를 더 높이고 그 덕분에 결과적으로 학자 또는 전문가로서 대성하게 되는 경우도 꽤 많습니다.

일본의 물리학자 유카와 히데키湯川秀樹는 양성자와 중성자 사이의 강한 상호작용의 매개가 되는 중간자의 존재에 대한 이론으로 1949년 일본인 최초로 노벨상을 수상했습니다. 오랜 전쟁 후에는 학문이 크게 발전하는 법이고 당시에도 그랬습니다. 탁월한 물리학자, 수학자들이 아주 많았고 이론물리학자로서 노벨상을 받는다는 건 아주 소수의 천재 물리학자들만 가능한 일이었으니 그 또한 천재임이 분명할 것입니다. 그의 노벨상 수상은 서양인들에게는 놀라움을, 패전 후의 일본인들에게는 희망을, 대한민국을 비롯한 아시아인들에게는 부러움을 불러일으켰습니다.

그런 그에게는 평생의 동료이자 라이벌이 하나 있었습니다. 그는 바로 도모나가 신이치로朝永振一郎입니다. 두 사람은 중학교, 고등학교, 대학교 동창이자 교토대학교에서 같은 교수 밑에서 양자역학을 공부하며 오랜 세월 동료로 지냈습니다. 도모나가가 유카와보다 한 살 많았던 데다(원래 중학교 때는 1년 선배였다가 같이 졸업했다고 합니다) 학창시절에 공부도 더 잘했는데 유카와가 노벨상을 수상했다는 소식에 도모나가는 큰 충격을 받았습니다. 그리고 그로부터 16년 후인 1965년에 도모나가도 양자전기역학의 기초이론을 설립한 공로로 리처드 파인먼Richard Feynman, 줄리언 슈윙거Julian Schwinger와 함께 노벨물리학상을 수상하지요.

두 사람은 성격도, 공부하는 습관도 매우 달랐습니다. 학문을 연구하는 스타일도 서로 정반대였지요. 유카와는 안개가 낀 것 같은 모호한 상황에서도 좋은 통찰력과 상상력으로 어떤 법칙과 이론을 찾아내는 반면, 도모나가는 정확하고 믿을 만한 계산을 통해 이론적인 틀을 구성해 냈습니다. 두 사람이 평생 서로에 대해 얼마나 경쟁심을 느꼈을지 확실히 알 수는 없지만 상대방이 있었기에 더 열심히 연구했고 위대한 물리학자가 되는 데 도움이 되었음은 쉽게 상상할 수 있습니다.

20세기 초 독일에서 가장 영향력 있었던 수학자 다비트 힐베르트에게 천재 수학자 헤르만 민코프스키Herman Minkowski*는 대학교 때부터 가장 친한 친구이자 동료, 그리고 라이벌이었습니다. 힐베르트는 1900년에 파리에서 열린 세계수학자대회에서 23개의 문제를 발표했는데 20세기의 수학은 이때 그가 제시한 문제를 해결하기 위한 방향으로 발전해 나갔다고 할 수 있을 만큼 영향력 있는 수학자입니다. 힐베르트가 그런 기회를 얻고 문제를 구성하게 된 데는 민코프스키의 역할

---

* 취리히연방공과대학교 교수 시절 아인슈타인을 가르치기도 했던 그는 아인슈타인의 특수 상대성이론을 소위 '민코프스키 공간'이라 불리는 4차원 비유클리드 공간을 통해 설명할 수 있었다.

이 컸습니다. 성실형 수학자였던 그는 전형적인 천재형 수학자인 민코프스키에 대해 라이벌 의식이 있었을 것입니다. 하지만 그는 민코프스키를 자신이 근무하는 괴팅겐대학교(당시 유럽의 수학의 중심지) 교수로 데려오는 데 최선을 다했고 결국 성공합니다. 이 둘 사이의 경쟁과 협력은 힐베르트가 위대한 수학자가 되는 데 크게 기여했습니다.

18세기 스위스의 수학자 야코프 베르누이Jakob Bernoulli와 요한 베르누이Johann Bernoulli 형제는 강한 라이벌 관계로도 유명합니다. 요한은 역사상 가장 위대한 수학자 레온하르트 오일러Leonhard Euler의 스승이기도 하지만 자신 또한 당대 최고의 수학자였습니다. 베르누이 형제는 심하게 상대방을 견제하고 비난했는데 요한이 그런 위치에 오르는 데는 형과의 치열한 라이벌 관계가 큰 역할을 했을 것으로 추측됩니다. 한편 요한 베르누이의 아들 다니엘 베르누이Daniel Bernoulli도 누구 못지 않은 천재였습니다. 오일러와 다니엘은 평생 가장 친한 친구 사이였습니다. 오일러가 러시아의 상트페테르부르크에 가게 된 것도 다니엘 때문이었습니다. 이 두 천재도 가장 친한 친구이자 라이벌이었지요.

우리나라에도 국제수학올림피아드 국가대표 출신 중 가장 성공한 학자인 두 사람이 동료이자 라이벌 관계였습니다. 이 중 한 명인 M교수는 현재 우리나라 명문대학교에서 근무하며 인공지능 분야에 있어서 세계적인 학자입니다. 그는 고등학생 때 국제수학올림피아드 국가대표를 했고, 서울대학교 수학과를 졸업한 후, 미국 최고 명문대학교에서 박사학위(응용수학)를 받는 등 화려한 이력을 가지고 있는 한편,

학자다운 성실함과 훌륭한 인품을 겸비한 사람입니다. 이런 그에게도 심리적으로 방황하던 시기가 있었습니다. 그 원인 중 하나가 바로 그의 친구인 N교수였습니다. 두 사람은 중학교, 고등학교 동창이면서 국제수학올림피아드 대표로도 함께 나갔고, 이전부터 학원, 한국수학올림피아드 계절학교, 주말교육 등을 통해 숱하게 같이 공부하던 동료이자 라이벌이었습니다.

국제수학올림피아드 부단장(학생 인솔 책임자)으로 참가했을 무렵에 그들을 처음 만났는데 그때 그들은 서울과학고 2학년이었습니다. N교수는 그전 해에 당시로는 역대 최연소 나이로 국제수학올림피아드에 참가했고, 초등학교 4학년 때 이미 한국수학올림피아드 계절학교에 참가했던 원조 신동이었습니다. 국제수학올림피아드에서 한국 대표로는 역대 처음 42점 만점을 받았고, 그다음 해 열린 대회에서는 전체 참가 학생 중 3위(그해에는 문제가 어려워 만점이 없었습니다)를 했습니다. 우리나라 국제수학올림피아드 대표들 중에서도 역대 최강의 천재 중 한 명이라고 할 수 있지요. N교수는 서울대학교 수학과를 3년 만에 조기 졸업하고 군대를 다녀온 후에 미국 최고 명문대학교에서 정수론 분야로 박사학위를 받았고, 지금은 미국의 또 다른 명문대학교에서 수학과 교수로 일하고 있습니다.

이런 N교수의 탁월한 천재성을 본 M교수는 대학교 3학년 때 학자의 길을 포기하고 그냥 평범한 직장인이 될까 고민에 빠졌습니다. 아무리 노력해도 N교수를 따라갈 수 없을 것 같다며 학업에 흥미를 잃게 된 것이지요. 뛰어난 성취를 이룬 천재들이 다 그렇듯 N교수 또한 머리만 좋은 것이 아니라 성실하게 공부하는 타입이었고, 그러다 보니 그의 동료들이 그를 따라잡는 것은 벅찬 일이었습니다.

M교수 역시 뛰어난 영재였기에 경쟁에서 지는 일이 견디기 힘들었을 것입니다. 그래도 다행히 마음을 잡고 다시 공부를 시작해 이후에 훌륭한 학자로 성장했습니다. N교수를 통해 느꼈던 경쟁심과 좌절감이 그에게는 약이 됐을 것이라고 믿습니다.

지금 둘 중 누가 더 성공한 학자인지는 아무도 모릅니다. M교수는 매년 세계 최고의 학회에 어마어마한 양의 논문을 발표하고 있습니다. 그의 연구실은 2023년 AI 또는 CS(Computer Science) 분야의 세계 최고 수준의 학회에 29편의 논문을 발표했습니다. 이는 미국의 웬만한 메이저 대학교의 해당 분야 전체 논문 수보다 많습니다.

당시 방황하던 M교수에게 "대학원부터는 학업 성적으로 남들과 직접적으로 경쟁할 일은 없다. 대학원에서는 학부 때와는 달리 학업에 대한 심적 부담 없이 편안한 마음으로 공부할 수 있을 것이다. 그동안 학업에 몰두하지 못해 N에 미치지 못했던 것뿐 앞으로 학업의 길은 길다. 네가 흥미 있어 하는 주제를 골라 공부할 수 있는 환경을 만들면 공부가 지금보다 훨씬 재미있어질 것이다. 지금 이 고비만 잘 넘기면 곧 밝은 세상이 온다."라고 이야기해 주었던 기억이 생생합니다.

실은 수학자의 길로 갈지 말지는 저 자신도 많은 고민이 있었습니다. 학부 때는 떠올리기도 싫을 만큼 공부가 힘들었습니다. 하지만 박사과정에 진학해 원하는 공부를 찾게 된 뒤로는 공부가 즐거워졌습니다.

학자로 나아가는 길이 쉽지만은 않지만 혼자 간다고 생각하지 말고, 동료와 스승과 함께 때로는 의지하고 때로는 경쟁하며 나아간다고 생각하면 이겨 낼 수 있습니다.

영재를 위한 진로

탁월한 재능을 가진 아이는 이다음에 커서 무슨 일을 하면 좋을까요? 좋은 회사에 취직할 수도 있고, 성공한 기업가가 될 수도 있겠지만 저는 무엇보다 훌륭한 학자가 되면 좋겠다고 생각합니다. 좋은 재능으로 인류의 발전에 기여하라는 게 아닙니다. 영재에겐 학자로서의 삶이 행복한 경우가 많기 때문이지요.

학자의 삶은 그렇게 빡빡하지 않습니다. 물론 젊은 학자의 경우 꽤 바쁜 일상을 보내야 하지만 자신의 연구를 위한 일이기 때문에 즐거운 마음으로 합니다. 적어도 어느 정도의 타고난 재능이 있고, 노벨상이나 필즈메달에 목숨 걸지만 않는다면 경제적으로도 심리적으로도 넉넉하게 살 수 있습니다.

물론 수학 영재라고 해서 모두 수학자가 될 필요는 없습니다. 수학을 잘하고 좋아하는 아이는 수학이 아니더라도 물리학, 화학, 생물학,

기상학 등을 연구하는 자연과학자나 인공지능, 전자공학, 전기공학, 재료공학 등을 연구하는 공학자 또는 경제학자, 경영학자 등이 될 수도 있지요. 창의적인 일을 하는 다른 직업을 택할 수도 있겠지만 결국에는 뭔가를 '연구'하는 일이 더 잘 맞을 듯합니다.

✎ 수학자가 좋은 이유

수학자로 살면 무엇이 좋을까요? 수학 교수나 연구소에서 연구하는 수학자를 기준으로 생각해 봅시다. 일정 수준 이상의 수학적 재능을 가지고 있다고 가정하겠습니다. 흔히 수학자라고 하면 치열한 경쟁 속에서 어려운 문제를 풀고자 매일 머리를 싸매고 연구하는 사람으로 보일지 모르겠지만 실상은 그렇지 않습니다.

수학자의 첫째 장점은 자유도가 높다는 점입니다. 수학자는 원하는 시간에 원하는 곳에 가서 원하는 사람과 같이 연구할 수 있습니다. 연구 주제도 자유롭게 정하고 자기만의 편안한 시간을 보낼 수도 있지요. 다른 분야의 교수들보다는 생활의 자유도가 높고 활동 범위도 넓습니다.

둘째로 수학은 매우 글로벌합니다. 세계 모든 수학자들은 같은 언어로 같은 주제에 대해 연구합니다. 이론물리학, 천문학 등도 그런 면에서는 수학 못지않지만 대다수의 과학, 공학 분야는 수학만큼 글로벌하지는 못합니다. 나라마다 중점 연구 분야와 방법론이 다를 수 있기 때문입니다. 국제 수학학술대회에서 만나는 수학자들은 서로 금세 친해집니다. 저에게는 세계의 위상수학자들이 모두 저의 동료입니다. 논문을 통해서만 접하던 사람도 만나자마자 금방 친구가 됩니다. 수학자들에게는 그들만의 아주 특별한 리그가 있습니다. 수학자들은 그들만의 수학 실력으로 그들만 이해하는 난해한 문제를 풉니다. 그래서 연구를 잘하는 수학자들은 연구를 위해 세계를 돌아다닙니다. 외국의 수학자들과 만나 각자의 문제에 대해 이야기하거나 뜻이 맞으면 공동연구를 하기도 하지요.

방학 중에는 외국에 나가 있는 수학자들도 많습니다. 여름, 겨울에 각각 두 달씩 어딘가에 가서 연구하거나 학기 중에도 한 주 또는 두 주씩 학회에 참석하거나 공동연구를 위해 외국에 나갑니다. 몇 년에 한 번씩은 1년간 나가 있기도 하지요. 실험을 하는 과학자는 실험실에서 보내는 시간이 많아야 하고, 연구실 유지를 위해 연구비 유치, 대학원생 관리 등 신경 쓸 일이 많지만 수학자는 그 자체로 움직이는 연구실입니다. 산책을 하든, 목욕을 하든, 여행을 가든 어디서든 연구할 수 있다는 장점이 있는 것이지요. 그래서 생활의 자유도가 높습니다.

셋째로 수학은 논문을 쓰기가 어렵습니다. 그렇다 보니 연구 결과를 내려면 다른 전공 연구자보다 더 많은 스트레스를 받을 수 있습니다. 하지만 그건 신임 교수 시절 몇 년 정도만 그렇고 어느 정도 자리를 잡은 수학자들은 대개 논문 스트레스를 별로 받지 않습니다. 어차피 논문 쓰기가 쉽지 않기 때문에 늘 연구에 매진하는 건 아닙니다. 세계적인 수학자들의 경우에도 그다지 치열한 일상을 보내지는 않습니다. 무턱대고 열심히 연구한다고 해서 안 풀리던 문제가 풀리는 건 아니기 때문입니다. 논문을 많이 낼 수 있는 과학 분야를 전공하는 학자들은 논문 쓰기에는 조금 용이하지만 그렇기 때문에 더욱 꾸준히 연구 실적을 내야 한다는 부담이 있습니다. 그래서 단 몇 달도 마음 편히 쉬기 어렵습니다. 하지만 수학자들은 몇 달, 심지어는 1년 넘게 게으름을 피워도 티가 나지 않습니다. 수학자들은 새로운 영감이나 아이디어가 떠올랐을 때 열심히 연구해 논문을 쓰면 됩니다. 그래서 논문이 1편도 없는 해도 있지만 5편 이상 쓰는 해도 있을 수 있습니다.

수학자에게는 시간에 구애받지 않고 연구하고 자기가 쉬고 싶을 때 쉴 수 있다는 이점이 있습니다. 수학 문제는 열심히 매달린다고 풀리지 않습니다. 계속 관심을 갖고 있으면 잠재의식이 문제를 계속 생각합니다. 수학자들은 평소에 다른 학자들의 논문과 책을 읽으며 새로운 이론과 아이디어를 머리에 넣습니다. 그러다가 문제를 풀게 되는 결정적인 순간은 그냥 일상생활 중에 갑자기 찾아옵니다. 대개는 아이디어가 떠오르는 순간 그동안 연구하던 문제가 풀렸다는 것을 직감합니다. 물론 문제가 풀리는 순간은 다양합니다. 가장 흔한 경우는 다른 수학자와 대화하던 중에 아이디어가 떠오르는 경우일 것입니다. 저는 샤워를 할 때 핵심적 아이디어가 떠오른 경우가 가장 많습니다.

넷째로 수학은 가르치는 즐거움이 큽니다. 높은 수준의 수학적 지식은 수학자들만이 갖는 특별한 것입니다. 수학자들의 지식과 능력은 오랜 훈련 과정을 통해서만 얻을 수 있는 것이기 때문입니다. 그래서 학생들을 가르칠 때 자기 머릿속에 있는 지식을 끄집어내 가르치기만 하면 됩니다. 학부 수학 정도는 별도의 강의 준비가 그다지 많이 필요하지 않습니다. 제 아내도 대학교수인데 매 학기 강의 준비로 많은 시간을 소비하는 편입니다. 새롭게 개설해야 하는 과목도 있고 한 과목에서 다루어야 할 내용도 매년 조금씩 바뀌기 때문이지요. 그래서 매년 똑같은 것을 가르칠 수 있는 저를 부러워합니다.

저는 수학과 학부생들을 대상으로 하는 기초 전공 과목은 일부러 강의 준비를 전혀 하지 않습니다. 그동안의 경험으로는 강의 준비가 잘돼 있으면 강의 내용이 머릿속에 정리돼 있다 보니 강의가 물 흐르듯 자연스럽게 흘러가게 되는데 오히려 그게 학생들에게는 좋지 않았습니다. 강의 준비가 잘돼 있지 않으면 사고의 흐름에 맞춰 강의를 천천히 조심스럽게 진행하게 되고 그래야 학생들이 강의 내용을 이해하기가 더 쉽습니다. 수학 전공 과목이 저에게는 기초적인 내용이지만 학부생들은 매우 어려워합니다. 그래도 학생들이 하나씩 깨달아 가는 과정을 보면 즐겁습니다.

대중에게 수학자들은 고리타분할 것이라는 선입견이 있습니다. 저 자신도 대학생 때는 세상의 수학자들은 모두 매일 연구실에 혼자 앉아서 열심히 공부만 하는 사람들인 줄 알았습니다. 하지만 실상은 오히려 정반대입니다. 앞에서 말했듯이 수학자들은 다른 수학자들과 많은 소통을 하고 공동으로 연구를 해야 합니다. 그들은 그런 과정을 통해 좋은 영감과 정보, 그리고 새로운 문제들을 얻게 됩니다. 그래서 사회성이 좋고 활동 영역이 넓은 수학자들이 연구 성과가 더 좋은 것입니다. 세계적인 수학자들은 대부분 그런 타입입니다. 이 대목에서 수학자를 좀 아는 사람이라면 은둔형 수학자 러시아의 그리고리 페렐만 Grigori Perelman을 떠올릴지 모르지만 예외는 어디에나 있는 법이지요.

🖉 수학자가 하는 일

주변에서 종종 "수학자들은 어떤 주제로 논문으로 쓰나요?", "수학은 수천 년 되었는데 아직도 풀어야 할 문제가 남아 있나요?" 같은 질문을 합니다. 사실 수학자들이 하는 연구의 내용을 일반인들에게 설명하기란 쉽지 않습니다. 간단히 말하면 수학자들은 수학적 문제를 풀고 그 풀이를 논문으로 발표합니다. 여기서 수학적 문제를 푼다는 건 대개 어떤 수학적 추측에 대한 증명을 의미합니다. 수학자들에게는 좋은 문제, 즉 좋은 추측을 찾아내는 것도 중요한 연구 활동 중 하나입니다. 또한 그들이 유난히 잘하는 일 중 하나가 누군가 어떤 수학 문제를 푸는 데 사용했던 새로운 수학적 방법론이나 개념을 남들이 쓰기 좋게 정의와 정리라는 이름으로 잘 정리해 놓는 일이기도 하지요.

수학은 자연과학일까요, 아닐까요? 국내 대부분의 대학교에서는 수학과가 자연과학대학에 속해 있습니다. 그렇다 보니 막연히 수학은 자연과학의 한 분야라고 여기는 사람들이 많은데 정말 그럴까요?

자연과학이란 자연현상에 대한 이해를 인간의 이성을 통해 합리적이고 논리적인 방법으로 추구해 나가는 과정과 그러한 과정을 통해 얻어지는 지식과 이론의 체계입니다. 그런 의미에서 현대 수학은 자연과학은 아닙니다. 옛날과 달리 요즘 수학자들은 자연현상을 직접적으로 탐구하지는 않기 때문입니다. 수학자들은 수학의 세계에서 발생하는 문제들을 연구하지, 실재적 세계를 탐구하기 위한 실험이나 관찰은 하지 않습니다(물론 일부의 응용수학자들 중에 예외는 있을 수 있습니다).

　수학은 몇 백 년 전까지는 매우 폭넓은 방향으로 연구하는 학문이었지만 데카르트의 과학철학과 뉴턴의 운동역학이 등장하고, 학문 분야들이 현대화하면서 자연과학의 여러 분야가 수학으로부터 분파해 수학과 자연과학 사이에 어느 정도 거리가 생겼습니다.

　수학은 지구상의 수많은 학문 중 유일하게 수천 년간 그 지식을 축적하며 발전해 온 학문입니다. 그리스 시대부터 수학은 '지식의 모둠'이라는 의미로 'mathematics'라고 불렸습니다. 그리고 당시 수학자들은 요즘처럼 좁은 의미의 수학만이 아니라 기계, 역학, 천문, 광학, 음악 등 다양한 분야의 문제들에 대해 연구해 왔지요. 우리는 현재 3,700년 전 이집트의 수학 내용에 대해 알고 있고, 2,400년 전 그리스의 수학, 1,000년 전 아라비아의 수학, 500년 전 유럽의 수학 내용에 대해 자세히 알고 있습니다. 수학은 오랜 세월 마치 큰 탑을 쌓아 가듯 발전해 왔으며, 결국 지금은 아주 크고 높은 탑이 되어 있습니다.

　물리학, 화학(연금술 이후의 근대적 화학), 생물학, 지구과학 등의 자연과학이 독립적인 학문 분야로 자리 잡은 건 길어야 300년 정도이고 대부분의 공학 분야의 역사도 200년을 넘지 않습니다. 그런 의미에서 수학은 좀 고루한 느낌을 주는 학문이라고 할 수도 있습니다. 세상은 빨리 변하고 과학기술은 눈부시게 발전해 가는데 수학자들의 연구 내용은 100년 전이나 지금이나 별 차이가 없으니 말입니다.

하지만 수학은 인류가 오랫동안 이룩한 최고 지성의 정수입니다. 천문학, 물리학, 기계학 등이 수학에서 갈려 나갔고, 다시 전기공학, 기상학 등은 물리학에서 갈려져 나가는 등 학문은 분파를 거듭해 최근에는 수많은 이공계 학문 분야가 존재합니다. 수학의 입지와 역할은 전에 비해 많이 좁아져 있지만 그래도 수학은 그리스 시대로부터 지금까지 수많은 수학자들이 쌓아올린 거대한 지식의 탑을 보유하고 있습니다.

물리학자, 화학자, 생물학자, 천문학자와 같은 자연과학자들은 과학적 진리를 실험, 관찰, 이론 등을 이용해 탐구하는 일을 합니다. 그리고 그들은 자신의 과학적 발견을 논문이나 특허 등으로 발표합니다. 따라서 학문적 업적을 평가할 때는 그들의 '연구 결과', 즉 발견한 과학적 진리의 가치와 의미를 평가하면 됩니다. 하지만 수학은 좀 다릅니다. 수학은 언어적 요소가 많기 때문에 수학자들이 해결하거나 증명한 '결과나 결론' 그 자체보다는 그것을 해결하는 과정에 사용한 방법론이나 아이디어가 더 중요한 경우가 많습니다. 대다수 수학자의 연구활동 중 가장 많은 시간을 차지하는 것은 다른 수학자들이 쓴 논문이나 책을 읽고 새로운 개념이나 이론을 익히는 것입니다. 그래서 수학자들의 학문적 업적에 대한 평가는 그들이 여러 어려운 이론들을 이해하고 그것을 이용해 남들이 풀지 못하는 문제를 풀 수 있는 '실력을 갖추었는지'에 달려 있습니다.

수학이 인류에게 필요하고 우리 사회가 수학자들에게 월급을 주는 이유는 수학자들의 연구 결과 하나하나가 세상에 직접 도움이 되기 때문이 아닙니다. 인류가 수학자들에게 필요로 하는 건 그들이 쌓고 있는 (그리고 지난 수천 년간 쌓아 온) 거대한 지식의 탑이고, 수학자 개개인은 그 탑을 쌓는 데 나름의 공헌을 하는 것입니다. 여기서 수학적 '지식'이란 수학자들이 만들어 낸 수학적 개념(정의)들과 그들이 찾아서 정리해 놓은 정리, 이론, 문제 푸는 데 사용된 아이디어 등입니다만 그보다 더 핵심적인 건 수학자 개개인의 수학적 실력입니다. 수학자들은 마치 하나의 군생명체처럼 공동으로 이런 일을 하고 있습니다. 현대의 모든 학문 분야가 이와 유사하지만 수학은 이러한 점이 유난히 두드러진다고 할 수 있습니다.

그런데 안타깝게도 수학자의 길을 가던 학생들 중 반 이상이 중간에 다른 길을 택합니다. 제가 보기에 재능이 뛰어나고 성격도 차분해서 묵묵히 가다 보면 존경받을 만한 세계적인 수학자가 될 것 같은 학생들이 중간에 포기하고 떠날 때는 더욱 아쉬움이 남지요. 미국 최고 명문대학교에서 박사학위를 받고 박사 후 과정에서 좋은 논문을 쓰고 있던 중에, 최고의 수학자로 자리매김하기 바로 직전에 그만두는 경우도 있습니다. 갑자기 돈을 좇아 월스트리트의 금융회사로 자리를 옮기거나 다른 흥미로운 것을 찾았다며 직업을 바꾸는 것입니다. 만약 새로운 꿈을 찾아 가는 거라면 축하할 일이지만 수학 외에 별다른 소질이 없거나 사회성이 부족한 아이들이 그런 선택을 할 때는 걱정스러운 마음도 듭니다.

요즘에는 어릴 때부터 소문난 수학 영재였거나, 국제수학올림피아드 대표 수준에까지 이른 학생들 대다수가 수학과로 진학합니다만 한국수학올림피아드 초창기인 1990년대까지만 해도 공과대학 진학생이 많았습니다. 수학올림피아드 일을 맡은 후 그런 학생들에게 수학자로서의 삶이 얼마나 편안하고 보람된지, 수학자의 삶의 주된 장점이 무엇인지에 대해 수시로 이야기했습니다. 그러면서 매년 조금씩 더 많은 아이들이 수학과로 진학하게 된 것이지요. 오히려 지금은 수학과로의 지나친 쏠림현상을 걱정할 정도라 다양한 분야로 진출하는 것도 좋겠다고 추천하고 있습니다.

수학올림피아드 출신으로 대학에서 수학을 전공한 학생 중 수학자가 되는 비율은 얼마나 될까요? 아마 30퍼센트를 넘지 않을 것입니다. 한국수학올림피아드 계절학교 출신이나 국제수학올림피아드 최종후보(매년 약 15명, 이 중 고3은 7~8명) 중에 수학과로 진학하는 학생 수는 매년 20명 내외가 될 것입니다. 그런데 이들 중 상당수가 졸업 후에, 심지어는 수학 박사학위를 취득하고 나서도 다른 길을 택하는 경우가 수두룩합니다. 이런 학생들을 보면 조금만 더 가면 되는데 고지를 코앞에 두고 이탈하는 등산객을 떠올리게 됩니다.

한때 주말마다 도봉산에 올랐던 적이 있습니다. 주말 아침 도봉산역에 내리면 수백 명의 사람들이 역 앞 건널목에 모였다가 길을 건너는 모습을 보게 됩니다. 도봉산 등산로 입구에도 수많은 사람들이 북적거립니다. 등산로는 여러 갈래로 나뉘기 때문에 그 많은 사람들이 각자의 길로 흩어지지만 결국 정상은 하나뿐이므로 정상 입구에서 다시 만나게 돼 있습니다. 도봉산 정상은 바위로 돼 있어 정상 근처에서는 위험한 좁은 바윗길을 조심스럽게 올라가야 합니다. 그런데 신기하게도 이 정상 부근 바윗길에는 사람들이 그리 많지 않습니다. 입구에 그렇게 많던 사람들은 다 어디로 간 걸까요? 무슨 이유에선지 중간에 많은 이들이 사라진 것인데 그것은 수많은 수학 영재들이 수학자로의 길 중간 어딘가에서 사라지는 것과 비슷해 보입니다. 부디 소중한 수학 영재들이 굳이 수학자가 아니더라도 인류의 발전에 기여하는 일을 하는 전문가로서의 길을 걷게 되면 좋겠습니다.

영재는 나라의 자원 }

　시간이 흐를수록 영재의 수가 전보다 늘고, 영재에 대한 사회적 관심도 커지고 있습니다. 얼마 전 1950년대에 아인슈타인과 일본의 노벨물리학상 수상자 유카와 히데키 등 네 명이 함께 걷는 사진을 본 적이 있습니다. 당대 최고의 이론물리학자들 중에 일본인이 있었다는 게 실감이 되는 사진이었습니다. 그로부터 30년이 흐른 1980년대 초, 그러니까 제가 대학교를 졸업할 때만 해도 우리나라의 학문 수준은 그리 높지 않았습니다. 당시에도 국내 최고라고 불리는 서울대학교 수학과 교수님들의 수준 또한 국제적인 수준과 거리가 멀었지요. 수학뿐 아니라 다른 학문과 예체능 등 사회 전반에 걸쳐서 그랬을 것입니다. 하지만 경제적·사회적 성장을 이룩한 지금은 그때와는 완전히 다릅니다. 최근 필즈메달을 수상한 허준이 교수와 같은 세계적인 수학자가 나온 것이 좋은 예입니다. 앞으로 제2의 허준이가 나올 것이고, 제2의 조성

242

알베르트 아인슈타인, 유카와 히데키, 존 휠러, 호미 바바(왼쪽부터)

진, 임윤찬 같은 세계적인 음악가도 나오겠지요. 우리나라의 변화한 위상을 보면서 우리는 환경과 사회 전반의 수준이 사람들의 능력 향상에 얼마나 중요하게 작용하는지를 생각해 볼 수 있습니다.

🖋 빠르게 진화하는 인류

요즘 사람들은 옛날 사람들에 비해 체격도 크고 수명도 깁니다. 평균 신장이 커진 건 어려서부터 영양을 잘 섭취하며 자랐기 때문이고, 수명이 길어진 건 의학이 발달해서일 뿐이라고 여기는 사람들이 많습니다. 하지만 우리나라라면 몰라도 60년 전 미국인들은 현대 미국인들보다 덜 먹지 않았는데도 오늘날 미국인들의 체격이 더 큽니다. 뿐만 아니라 전 세계에는 제 아버지처럼 별다른 질병 없이 90세 이상까지 살고 있는 사람들 또한 늘고 있지요. 단순히 잘 먹어서 키가 크거나, 의학·약학·영양학 등의 발달로 수명이 길어진다고만 보기 힘든 변화가 인류에게 일어나고 있습니다.

이런 변화는 다름 아닌 생활환경에서 비롯된 것입니다. 인간뿐 아니라 지구상의 대다수 동식물은 생활환경에 따라 빠르게 변화합니다. 예를 들어, 야생 멧돼지는 털이 길고 송곳니가 긴 반면, 집돼지는 그렇지 않습니다. 마치 둘은 서로 다른 종처럼 보일 정도이지요. 하지만 이 또한 환경에 의해 변화한 것일 뿐 근본적으로 둘은 같은 종이라고 합니다. 인류의 이런 빠른 변화에 대해 저는 《수학은 우주로 흐른다》에서 인류는 하나의 군생명체라고 볼 수 있고 이 생명체가 생활환경의 변화에 따라 진화하는 것으로 해석된다고 적은 바 있습니다.

우리는 해마다 운동, 음악 등 다양한 분야에서의 수많은 신기록을 목도합니다. 이는 인류의 능력이 향상되고 있음을 의미하지요. 50년 전 세계를 제패한 테니스 선수 로드 레이버Rod Laver와 켄 로즈월Ken Rosewall의 키는 약 170센티미터 정도였습니다. 당시 젊고 체격이 좋기로 유명했던 지미 코너스Jimmy Connors 또한 약 178센티미터였고요. 그런데 요즘 한창 잘나가는 테니스 선수 다닐 메드베데프Daniil Medvedev나 알렉산더 즈베레프Alexander Zverev 같은 선수들은 2미터에 가까운 장신을 자랑합니다. 단지 신체 조건만 좋은 것이 아니라 큰 키에도 빠른 속도로 코트를 누비지요. 미국의 프로 미식축구 선수나 프로 농구 선수들 또한 향상된 신체 조건과 운동 능력으로 보여 줍니다.

　개인의 역량이 얼마나 향상됐는지는 구기 종목보다는 수영, 육상 등의 기록경기에서 보다 확실하게 확인할 수 있습니다. 수영 자유형 100미터의 경우 50초의 벽을 깨는 것이 불가능하다고 여기던 시절이 꽤 오래 지속됐지만 지금 세계 신기록은 2022년 다비드 포포비치David Popovici가 세운 46초 86입니다. 육상에도 다양한 종목이 있지만 마라톤을 예로 들면 1936년 손기정 선수가 2시간 30분의 벽을 깬 이후 꾸준히 기록이 단축돼 오다가 최근 단축 속도가 가속화하고 있습니다. 여기서 잠시 계산을 해 볼까요? 마라톤의 총 거리인 42.195킬로미터를 달릴 때 1,000미터당 평균 3분이 걸린다고 가정하면 완주까지는 총 2시간 6분 36초가 소요됩니다. 3분은 180초니까 3분에 1,000미터를 달리기 위해서는 100미터를 평균 18초에 달려야 하지요. 그냥 100미터만 달린다고 해도 일반인은 18초에 완주하기가 쉽지 않습니다. 그런데 오늘날 마라톤의 세계 신기록은 2023년 케냐의 캘빈 키프텀Kelvin Kiptum이 세운 2시간 0분 35초입니다. 이는 100미터당 평균 17초 남짓의 속도로 달려야 달성할 수 있는 기록입니다. 하지만 조만간 2시간의 벽도 깨지는 기록이 나올 것이고, 비공식 기록으로는 벌써 나왔다고도 합니다. 이 정도의 기록 향상 속도는 신체 조건의 향상, 훈련 방식의 과학화, 특수 소재의 개발 때문이라고 설명하기에는 너무 빠르고 크며 보편적입니다. 육상의 50년 전 세계 신기록을 지금은 수많은 고등학생들이 쉽게 달성하고 있으니까요.

운동 능력만큼이나 지적 능력 역시 아주 빠른 속도로 좋아지고 있습니다. 제가 대학교에 입학할 무렵에는 소위 본고사라는 것이 있었습니다. 당시 서울대 이공계나 의대에 합격한 학생들의 수학 평균 점수는 100점 만점에 30점 내외였습니다. 그만큼 굉장히 어려운 시험이었지요. 하지만 그로부터 30년쯤 지나서 우연히 당시 서울대 본고사 수학 문제들을 보게 되었는데 너무 쉬워서 놀랐습니다. 단순히 저에게만 쉬웠다는 게 아니라 요즘 상위권 고등학생들이 풀기에 그리 어렵지 않은 문제들이었던 것입니다. 국제수학올림피아드 문제들도 이와 비슷합니다. 30년 전의 문제들은 요즘 대표 학생들에게는 너무 쉽습니다.

어떤 세대에 한 개인이 특정 분야에서 더 나은 능력을 보이는 것은 개인의 그 분야에서 좋은 교육을 받아서일 수도 있지만 거시적인 관점에서 보면 그 세대 전체가 그전 세대보다 더 좋은 환경에서 자랐기 때문이라고 할 수 있습니다. 그런 환경 가운데에 더 좋은 능력을 가진 사람이 나올 확률이 높아진 것이지요. 인류의 이런 변화는 '진화(evolution)'라기보다는 환경에의 '적응(adaptation)'이라는 관점에서 살피는 것이 좋을 것 같습니다. 진화론에 입각해 본질적 진화를 한 것이라고 보기에는 무리가 있기 때문입니다.

최근 우리 사회를 뒤흔들고 있는 혁신적인 변화가 하나 있습니다. 바로 인공지능(AI)이지요. AI는 사람들의 변화 속도보다도 더 빠르게 발전하고 있습니다. 오픈AI사의 챗GPT(ChatGPT)와 구글의 바드 (Bard) 같은 생성형 AI의 등장은 전 세계 사람들에게 큰 충격을 주었습니다. '앞으로는 사람들이 열심히 공부하고 노력할 필요조차 없을 것이다', 'AI가 사람들의 직업을 빼앗아 갈 것이다' 같은 생각을 하는 사람들도 점점 많아지고 있습니다. 이를 방증이라도 하듯 얼마 전에는 한 언론사에서 앞으로 인공지능이 대체할 수 있는 직업을 예상하는 보도를 한 적이 있습니다.* 이때 직업에 대한 'AI지수'를 발표했는데, 지수가 높을수록 AI로 대체되기 쉬운 직업이라고 하였습니다. AI지수가 가장 높은 전문직으로는 판사, 변호사 등의 법조인과 의사를, 가장 낮은 전문직으로는 성직자와 대학교수를 꼽았습니다. 그렇다고 해서 굳이 AI와 경쟁할 필요는 없습니다. 앞으로 우리는 AI와 잘 조화를 이루며 살아야 할 것입니다.

영재 출신이자 국제수학올림피아드 미국 대표였으며 지금은 세계 최고 수준의 조합론 학자이기도 한 포션 로 교수는 여름마다 전국의 중고등학교를 방문해 강연하는 것으로 유명합니다. 2023년 여름에도 7월에 약 2주간 일본에서 열린 국제수학올림피아드에 미국팀 단장으로 참석하면서도 미국 전역 78개 도시를 방문하며 112번의 강연을 하는 열정과 체력을 보여 줬습니다.** 그때 그의 강연 제목은 '챗GPT의

---

* https://news.kbs.co.kr/news/pc/view/view.do?ncd=7821076
** Ben Cohen, "The Brilliant Math Coach Teaching America's Kid to Outsmart AI", *The Wall Street Journal*, 2023. 5. 25.

침략에서 살아남기'였습니다. AI의 시
대에 어떤 마음가짐으로 어떻게 살아
야 할지에 대한 강연이었지요. 강연에
서 그는 "AI가 강해질수록 우리는 인간
성에 집중해야 한다."라면서 "AI 시대에
살아남기의 핵심은 문제를 푸는 법을 알
고 어떤 문제를 풀어야 할지를 이해하는
것."이라고 말합니다. 또한 창의력과 감

포선로

정 등 AI와 사람 간 차이점에 집중하라면서 "AI가 강해질수록 창의력
의 프리미엄은 더 커진다."라고도 했습니다. 그리고 다음과 같은 결론
을 내립니다. "직업의 미래는 (사람들의) 아픈 곳을 어떻게 찾아내는지
알아내는 것이다." 그리고 성공의 열쇠에 대한 자신의 정리(theorem)를
다음과 같이 찾았다고 말합니다. "가치를 창조할 줄 알아야 한다. 가치
창조는 항상 기회를 준다."

　실제로 챗GPT는 누군가가 해 본 적이 있는 일이나 같은 것의 반복,
계산 등은 엄청나게 잘합니다. 그래서 미적분학에서 나오는 정형적인
수학 문제들도 아주 잘 풀어내지요. 하지만 다음과 같이 사람들은 그
리 어렵지 않게 푸는 문제를 챗GPT는 풀지 못합니다. 단지 처음 보는
문제이기 때문입니다.

$\frac{1}{2}$ 보다 작으면서 분모가 10,000보다 작은 자연수인 분수(유리수) 중

가장 큰 수는?

(이 문제의 답은 $\frac{4999}{9999}$ 입니다.)

앞으로 또 어떤 변화들이 어떻게 일어날지 우리는 알지 못합니다. 하지만 그 어떤 상황에서도 교육은 필요할 것입니다. 영재교육에 대한 정책도 변화에 발맞춰 보다 정교해지고, 영재교육 담당자들의 전문성도 좀 더 진보해야 합니다. 하지만 안타깝게도 영재교육에 있어서 전문성이 얼마나 중요한지에 대한 인식은 매우 부족한 상황입니다.

✐ 국가가 키우는 인재는 어디에

과학 영재교육과 관련된 토론회나 포럼에 가 보면 흔히 "요즘은 한 명의 천재가 수십만 명을 먹여 살리는 시대다."라는 말을 합니다. 빌 게이츠Bill Gates, 스티브 잡스, 일론 머스크의 등의 예를 떠올리는 것 같습니다. 그런 의미에서 앞으로 우리나라의 과학을 이끌어 갈 영재는 나라의 자원인데 이런 자원의 활용에 대해서 약간의 혼선이 있는 듯합니다. 이 혼선의 핵심은 과학 영재들에게 영재학교에 입학하게 해 주거나 장학금을 주는 걸 '혜택'으로 인식하느냐, 아니면 국가의 '인적 자원의 활용'으로 인식하느냐의 문제입니다.

21세기 초 정부에서는 이공계 인재들에게 대통령과학장학금을 주겠다고 발표했습니다. 일명 '대장금'이라고 불린 이 장학금은 과학 영재들에게는 국가로부터 금전적 도움을 받는다는 의미도 있지만 최고의 과학 영재라는 인정을 받는다는 영광의 의미도 있습니다. 대장금을 받았다는 건 평생 붙이고 다니는 훈장 같은 것이지요. 그런데 대장금 시행 첫해에 언론에 발표된 내용을 보고 제 눈을 의심했습니다. '외국 대학교'에 입학할 예정인 고등학교 졸업 예정자에게만 장학금을 준다는 것입니다. 그렇다면 대다수 학생들이 미국으로 갈 텐데 어린 나이에 미국 유학을 갈 경우 금방 미국화할 수 있고 대한민국에 돌아오지 않을 수 있는데 왜 그들에게 엄청난 금액의 장학금을 국민의 세금으로 준다는 것인지 이해하기 어려웠습니다. 국내 대학에 입학하는 학생들은 아무리 영재라 해도 대장금을 주지 않는다는 말이었으니까요. 여론의 이런 비판을 수용했는지 얼마 후 정부는 계획을 바꾸어 발표했습니다. 외국 대학교에 입학하는 학생들은 10명에게만 주고 나머지는 국내 대학교에 입학하는 학생들에게 준다는 것이었습니다. 많이 바뀌긴 했지만 그 10명마저도 이해가 되지 않았습니다. 게다가 외국 대학생에게는 국내 대학생보다 1인당 일곱 배 이상의 돈을 주었으니까요.

그때가 벌써 20년 전 일이긴 합니다. 그땐 개발도상국이었으니 그렇다 쳐도 지금은 과연 달라졌을까요? 그렇지 않습니다. 정부는 무슨 이유에선지 2020년부터 외국 대학교 장학생 수를 10명에서 20명으로 늘렸습니다. 결과적으로 대통령과학장학금 총액 중 외국 대학교 장학금 총액이 국내 대학교 장학금 총액보다 더 많게 되었지요. 인재들에게 장학금을 주는 것을 인적 자원 육성의 차원이 아니라 그들에게 '상금'이나 '혜택'을 주는 것으로 인식하기 때문에 발생한 일이라고 생각합니다.

대장금 대상자를 선정하는 방식을 봐도 그런 철학적 혼란을 느낄 수 있습니다. 대장금 전형 방식은 몇 가지가 있는데 그중 어떤 전형은 학생의 영재성이나 실력과는 전혀 무관한 기준으로 선발합니다. 예를 들어, 제가 아는 한 학생은 고등학교 때 자기가 좋아하는 음악과 과학을 융합하는 활동을 했다는 것을 인정받아 대장금을 받았습니다. 그런데 그 학생은 고등학교 내내 음악에만 빠져 있어서 수학·과학의 기초가 전무하고 앞으로 과학을 심도 있게 공부할 확률도 거의 없습니다.

다른 예를 하나 더 들어 보겠습니다. 21세기 초에 국제 수학·과학 올림피아드 메달리스트들에게 병역 면제를 해 주자는 논의가 진행된 적이 있습니다. 국내외 음악 콩쿠르 입상자나 기능올림픽 금메달리스트는 면제가 되기 때문에 그와 유사한 제도를 수학·과학 영재들에게도 적용하자는 취지였습니다. 당시에 그것을 주제로 국회의원 몇 분이 국회에서 토론회를 주관했습니다. 그때 참석한 국방부 고위직 인사와 병무청 차장은 병역 면제에 반대했습니다. 그때 국방부 인사는 "영재들은 메달을 받고 명문대에 들어가는 것으로 이미 혜택을 받은 것이다. 전방에서 고생하는 장병들을 생각하면 영재라고 해서 그런 혜택을 줄 수는 없다."라고 강한 어조로 말했습니다. 과학 영재의 병역 면제 문제에 대해 국가 기관인 국회에서 논의하는데 그분은 그 문제를 국가적 차원에서 인적 자원으로 활용하는 데 도움이 되느냐 아니냐의 문제가 아니라 그저 몇 명의 영재들에게 개인적인 혜택을 주느냐 마느냐 하는 문제로 인식하고 있었습니다.

서울과학고와 같은 최고의 과학영재학교의 입학제도에도 이 문제와 연관된 이슈가 있었습니다. 사회적배려대상자 전형으로 정원의 10퍼센트를 선발하라는 규정이 그것입니다. 사회적 취약층이나 국가와 사회에 기여한 사람의 자녀에게 기회를 준다는 취지로 도입한 제도이지만 좋은 취지임에도 불구하고 여기에도 앞서 언급한 것과 유사한 철학적 혼란이 있습니다. 서울과학고를 비롯한 과학영재교육기관은 국가의 인재 양성과 활용을 목적으로 세운 기관인데 그곳에 입학시켜 주는 혜택이 필요한가 하는 문제입니다. 게다가 현실적으로는 그렇게 입학한 학생들이 학업을 잘 따라가지 못하는 경우가 많습니다. 그러면 학생은 오히려 커다란 정신적인 고통을 받게 되니 비교육적인 측면도 있습니다.

📎 인재가 머무는 나라

한국형 발사체 누리호가 2022년 6월, 두 번째 발사 만에 성공을 거두었습니다. 2023년 6월에는 3차 발사를 통해 실용위성(차세대 소형위성 2호)을 목표 궤도인 고도 550킬로미터에 성공적으로 올려놓았습니다. 정부는 이로써 우리나라가 자력으로 위성을 발사할 수 있는 일곱 번째 나라가 되었다고 대대적으로 홍보했습니다. 누리호는 2010년부터 국가 예산 2조 원을 들여 개발해 온 것입니다. 그 이전 사업인 나로호 발사체는 5,000억 원의 예산을 들였고, 러시아 기술진의 도움을 받았음에도 불구하고 세 번째 발사 만에 겨우 성공하기도 했습니다. 실은 올해 발사에 성공은 했지만 아직 본격적인 실용 단계는 아닙니다. 그래서 항공우주연구원에서는 중형 위성을 탑재한 제4차 누리호 발사를 계획하고 있는데 시행은 2025년 하반기에나 이루어질 예정입니다.

누리호 발사체는 1960년대에 미국에서 2인 유인 인공위성으로 추진했던 발사체와 그 규모와 구성이 매우 흡사합니다. 50여 년 전 미국이 쏘아올린 것과 비슷한 스펙의 발사체를 우리나라는 이제야, 그것도 시험발사에 성공한 셈입니다. 우리나라가 이렇게 뒤처진 것은 아무래도 아직 실력이 부족하기 때문일 것입니다. 또한 이런 실력 차는 기초과학의 중요성에 대한 인식의 차에서 비롯된 것이겠지요.

하지만 최근 우리나라에도 세계적인 수준의 연구 결과를 발표하는 과학자들이 제법 늘었습니다. 한국인들은 대체로 능력이 좋습니다. 어려운 일이 있더라도 창의적인 아이디어로 해결하는 경우가 많지요. 또한 교육열도 높습니다. 지난 50년간 세계에서 가장 빨리 발전한 나라이고 지금도 빠른 속도로 발전하고 있습니다.

이제 우리나라는 선진국일까요? 저는 저만의 선진국의 기준을 갖고 있습니다. 제 기준에서 선진국이란 '자기 나라 인재를 자기 나라에서 키우는 나라'입니다. 그런 기준에서 보면 우리나라는 아직 선진국은 아닙니다. 이 기준은 예전에 미국 유학을 하면서 생각하게 된 것입니다. 당시 미국에 온 유학생들은 대부분 우리나라나 중국 등 아시아 국가와 동유럽, 중남미 국가 출신이었습니다. 서유럽과 일본에서 온 유학생은 거의 없었지요. 수학올림피아드 대표 학생들의 경우 과거에는 미국 대학교로 진학하는 경우가 종종 있었지만 최근에는 많이 줄었고, 국내 대학교로 진학해 수학을 전공하는 걸 당연한 것으로 받아들이는 분위기입니다. 하지만 국내 대학교를 졸업한 후에는 대부분 미국의 프린스턴대학교, 하버드대학교, MIT 등 최고 대학의 박사과정으로 유학을 가고 싶어 합니다. 본인의 의지도 있겠지만 그동안 우수한 선배들이 그렇게 해 왔고, 부모님들이나 주변에서도 권하니 으레 그렇게 하는 게 좋겠다는 마음인 것 같습니다. 저는 학생들의 대학(학부) 진학은 스스로 판단해 결정하는 것이 좋다고 생각해 학생들에게는 직설적으로 표현하지 않습니다만 그래도 학생들은 제가 학부부터 유학을 가는 것에 대해 부정적이라는 것, 그러나 대학원 유학에 대해서는 비교적 긍정적이라는 것을 알고 있는 듯합니다.

최근 우리 대학들도 국제적인 수준의 연구 역량을 갖춘 박사들을 배출하고 있습니다. 전문연구요원제도라는 병역특례제도가 우리나라의 우수한 인재들이 외국 대신 국내에서 박사과정을 이수하도록 유도하기도 합니다. 사실 지금은 최고 수준의 이공계 학생들조차도 굳이 박사학위를 따러 미국에 갈 필요가 없습니다. 이제 우리도 선진국 문턱에 바싹 다가서 있습니다.

언젠가부터 애국심을 이야기하면 사람들은 지금이 어떤 시대인데 그런 것을 따지냐는 듯 빙긋 웃습니다. 애국심은 유치한 감정일까요? 근래에는 애국심뿐 아니라 책임감, 사명감 같은 감정도 유치한 것으로 치부된다는 느낌을 받습니다. 애국심에 관해서 사람들은 이상하리만큼 이중적입니다. 중국 땅이 옛날에는 우리나라 땅이었다고 주장하는 유사역사학이나 대한민국이 세계의 중심이라고 하는 '국뽕' 문화가 널리 퍼지는 반면, 외국 대신 한국에서 터전을 잡는다든지, 외국 제품 대신 국산품을 산다든지 하는 실생활적인 애국심은 무시받기 십상이지요.

하지만 저는 애국심이 현대인에게도 중요한 소양이라고 생각합니다. 애국심은 성인이 된 후에 그 사람이 갖는 사회적 책임감이나 자신이 하고 있는 일에 대한 동기 부여와도 연관이 있습니다. 특히 영재들의 경우, 자라면서 국가의 도움도 많이 받고 커서는 사회의 지도층에 있게 되기 때문에 우리 사회에 대한 책임감, 나아가서는 애국심을 갖는 것이 필요하다고 생각합니다.

앞에서 이야기한 테런스 타오 교수는 아시아계 호주인입니다. 그는 20년 넘게 미국에 살고 있으면서도 자신의 조국 호주에 대해 애국심을 드러내는 글을 썼습니다. 저는 대한민국 사람으로서의 자부심, 나라를 사랑하는 마음이 개개인의 행복을 위해서도 필요하다고 생각합니다. 그러기 위해서는 무엇보다 인재가 머물고 싶은 나라가 되어야 할 것입니다.

✐ 전문가가 주도하는 교육

　우리나라의 교육 전반에는 근본적인 문제가 하나 있습니다. 바로 '사공이 너무 많다'는 것입니다. 스스로 교육에 일가견이 있다고 자부하는 아마추어들이 많고, 그들 중 일부는 자신이 현존하는 교육 문제를 해결할 수 있다며 적극적으로 교육 정책에 관여합니다. 심지어 한 교육 관련 시민단체는 한쪽으로 편향된 교육관을 추구하면서 교육부와 언론에 지대한 영향력을 미치고 있습니다. 교육에도 전문가들이 있는 법인데 그들은 전문가나 교사의 의견은 무시합니다. 오히려 전문가를 자기 밥그릇에만 관심 있는 사람들로 치부해 버리지요.

　힘은 있으나 전문가적인 식견과 경험이 부족한 사람들에 의해 교육제도가 계속 바뀌다 보니 교육 현장에 있는 교사, 학생, 학부모들의 피로도가 높아졌습니다. 전 세계 어느 나라도 우리만큼 교육 제도가 자주 바뀌지는 않을 것입니다. 교육부장관 자리는 정권이 바뀔 때마다 비전문가가 임명되는 걸 보면 마치 교육에는 전문성이나 경험은 그리 중요하지 않다고 생각하는 것 같기도 합니다.

　영재교육에서도 그렇습니다. 전에 한 영재고등학교 교장선생님의 언론 인터뷰가 신문에 나온 적이 있습니다. '장영실 전형'에 대한 홍보 인터뷰였는데, 이 전형의 핵심 내용은 '과학 한두 과목만 깊이 탐구한 중학생들을 24명 뽑겠다'라는 것입니다. 내신이나 시험 성적은 따지지 않을 것이고 앞으로 계속 이 전형의 모집 정원을 전체의 1/2까지로 늘

릴 예정이라고 합니다. 그는 인터뷰에서 다음과 같이 말했습니다.

> "괴짜를 데려와야 한다는 생각에서 시작했습니다. (중략) 모든 과목
> 을 다 잘하고, 선행학습을 잘한 학생들만 영재학교에 들어올 수 있는
> 건 아닙니다. 사실 제 생각에 교사들은 반대를 했습니다. 모든 분야를
> 잘하면 모든 과목을 잘 따라가는데, 한 분야만 잘하면 가르치기 어렵
> 다는 것입니다. 그래도 저는 제대로 된 영재교육을 위해 밀어붙였습
> 니다."

그가 중학생들이 학교에서 어느 정도 수준의 과학을 배우고 있는지,
남들에게 업적이라고 보여 줄 정도의 과학 탐구활동을 하려면 어느 정
도의 사교육을 받아야 하는지, 중학생에게 그런 탐구활동이 왜 필요한
지 등에 대해 충분히 이해했을지 의심스럽습니다. 심지어 영재의 '실
력'을 중시할 것인지 아니면 탐구나 실험을 해 본 '경험'을 중시할 것인
지도 모호합니다. 실은 이 학교에서 예전에도 이와 유사한 입학 제도
를 도입한 적이 있었습니다. 당시에도 교장선생님의 주장에서 시행됐
지만 결국 몇 년 후에 사라졌습니다. 그 이유는 과학 한 과목 잘한다고
선발한 30여 명의 학생들 대다수가 입학 후 학업을 따라오지 못했기
때문입니다. 이번에도 교육 경력이 전혀 없는 신임 교장선생님은 예전
에 이 학교 선생님들이 왜 반대했는지, 현재 선생님들은 왜 반대하는
지를 잘 이해하지 못하고 자기 생각대로 강행했습니다. 이 학교 선생

님들이 겪게 될 고충이 짐작이 됩니다.

　과학영재학교 학생들을 다양한 방식의 전형으로 선발하는 데는 찬성합니다. 다만 '과학 한 과목만을 깊이 탐구하는 괴짜 중학생'을 과학 영재의 전형인 양 홍보하는 것은 매우 위험한 일이라고 생각합니다. 비단 기초 지식을 익혀야 할 나이인 중학생이 아니더라도 한 분야만 파고들어 그 분야 지식만 좀 있고 수학이나 기초적인 과학에 대한 지식이나 실력이 부족한 사람은 기성 과학자 상으로도 그리 바람직하지 않습니다. 훌륭한 과학자가 되려면 수학과 과학에 대한 기초 실력뿐 아니라 인문학적·문화적 소양도 필요한 법입니다. 탄탄한 기초 실력, 광범위한 통찰력, 글쓰기 실력, 다른 사람들과의 협동력 등은 좋은 과학자가 되기 위해 갖춰야 할 필수 소양입니다.

　영재교육 관계자 중에는 "시험을 잘 보는 학생들은 성적만 좋지 창의성은 떨어진다. 아인슈타인이나 에디슨을 보라." 하는 사람도 있습니다. 진짜 영재는 괴짜, 즉 조금 비정상적인 사람이어야 한다고 믿는 것이지요. 이 또한 제가 앞서 말한 필요조건과 충분조건을 혼동하는 논리적 오류입니다. "진짜 영재 중에는 학업 성적은 좋지 않은 학생이 있다."라는 것은 맞는 말입니다. 그런데 이 말을 "진짜 영재는 학업 성적은 그다지 좋지 않은 학생이다."라는 말과 같은 것으로 혼동하는 것입니다.

　우리가 수학이나 물리를 중시하는 이유는 그것을 통해 학생들의 사고력을 키울 수 있다는 믿음 때문입니다. 우리는 그런 교육을 통해 학생들의 논리적 판단력, 문제해결력, 새로운 개념 수용력, 집중력 등 다양한 지적 능력을 키울 수 있습니다. 그래서 세계의 모든 나라에서 수학과 물리를 핵심적으로 가르치고 있는 것입니다.

📎 아이가 미래를 걱정하지 않도록

어른들은 어린이들에게 관심의 표현으로 "너 이다음에 커서 뭐 하고 싶어?"라고 물어보곤 합니다. 저는 어린이들이 자라면서 이런저런 꿈을 가져 보는 게 좋다고 생각합니다. 성인이 될 때까지 열 번쯤 꿈이 바뀌는 것도 좋겠습니다. 그런 꿈들을 가져 봄으로써 세상을 좀 더 잘 이해할 수 있기 때문입니다. 하지만 중고등학생 정도의 아이들에게는 그런 식의 관심 표현을 삼가는 것이 좋을 듯합니다. 질문 받은 아이가 구체적인 계획을 세워 놨어야 하나, 하고 상당한 심리적 압박을 느낄 수 있기 때문입니다. 실제로 저 자신이 고등학생 때 그러기도 했고요.

대학 교수들 중 입학시험, 장학금 수혜자 선정 등에서 면접이나 서류심사를 할 때, 학생들의 미래에 대한 꿈이 '구체적'일수록 높은 점수를 주는 분들이 많습니다. 하지만 특수한 기능을 살려야 하는 분야로 진출하거나 남들이 잘 가지 않는 길로 가고자 하는 학생들을 제외한, 대다수의 학생들은 구체적인 미래 계획을 서둘러 세울 필요가 없다고 생각합니다.

저는 무언가 중요한 판단을 해야 할 때는 가능하면 그 판단을 최대한 늦추는 것이 좋다고 생각합니다. 물론 이 세상에 판단해야 할 사안은 수없이 많고 그중에는 판단의 시기가 이를수록 좋은 것들도 있습니다. 하지만 저는 '가능한 한' 좋은 정보를 모으고 이것저것 따져 본 후에 판단을 내리는 걸 추천합니다. 중요한 문제임에도 불구하고 너무 성급하게 결정하는 사람들을 주변에서 보게 됩니다. 우리 사회에는 '무엇이든 일찍 하는 게 좋다'는 막연한 인식이 있는 것 같습니다.

저는 고등학생 때 장래희망을 정하지 못해 고민을 많이 했습니다. 당시 저는 장래희망으로 '무슨 직업을 택할 것인가'에는 관심이 없었고 '어떤 가치관을 갖고 무엇을 추구하는 사람이 될 것인가'에 대한 고민이 많았습니다. 고등학교를 졸업하고 대학생이 되어서도 이 문제 때문에 방황하며 정신적 고통을 겪었습니다. '훌륭한, 그리고 이 세상에 도움이 되는 사람이 되고 싶다'는 생각은 누구보다 강했지만 앞으로의 구체적인 목표를 결정하지 못했지요. 고등학생 때 일단 정한 꿈은 '동양 사상과 문화가 서양을 앞선다는 것을 보이고 싶다'는 것이었지만, 뭘 어떻게 준비해야 할지는 막막했습니다. 대학에 입학한 후에도 저의 방황은 계속됐습니다.

저는 다행히 전공을 정하지 않고 입학하는 '계열별 모집'으로 대학교에 입학했습니다. 입학 후에는 공학보다는 자연과학에 끌렸습니다. 수학에 대해 좀 더 알게 되면서 1학년 말에 수학의 세계가 좋아 보여 수학을 선택했습니다. 만일 그 이전에 결정했다면 수학을 선택했을 가능성은 전혀 없었습니다. 더 이상 미룰 수 없는 때에 가서야 한 그 결정은 제 인생에서 가장 잘한 결정 중 하나라고 생각합니다. 그 결정 덕분에 저는 평생 수학자로서 보람 있고 여유 있고 행복한 삶을 누릴 수 있었기 때문입니다.

아이의 미래는 아이 스스로 찾아가기 마련입니다. 너무 일찍 미래를 걱정하게 하기보다는 아이가 정말 원하는 삶의 방향을 찾는 데 집중하게 해 주는 건 어떨까요.

영재가
인재가 되려면

　영재교육의 당장의 목표는 영재들이 재능에 걸맞은 학업 성취를 이룰 수 있도록 돕고, 최종적으로는 능력자를 만드는 것입니다. 하지만 이는 일차원적 목표일 뿐 진짜 중요한 건 그들이 행복한 인재로 살아갈 수 있는 데 필요한 여러 소양을 갖추도록 돕는 것입니다. 행복한 인재가 되기 위해서는 두 가지가 필요합니다. 바로 '현명함'과 '좋은 인품'입니다. 현명함은 판단력·분별력과 관련이 있고, 좋은 인품은 사회성·인내심·배려심과 관련이 있습니다.

현명한 아이로 키우기

　판단력과 분별력은 개개인의 행복 지수, 건강(수명), 경제 상황 등에 큰 영향을 미칩니다. 사회 전체의 안녕과 발전에 있어서도 매우 중요한 요소이지요. 우리나라 사람들 중에는 남들이 생각하지 못한 창의적인 방법으로 문제를 해결하는 능력, 가시적인 목표를 달성하는 능력, 승부에서 이기는 능력, 뛰어난 예술적 창의성 등을 가진 사람들이 많습니다. 반면 아주 기초적인 것에 대해서조차 합리적 판단이나 분별을 못하는 사람들도 많지요. 판단과 분별은 얼핏 의미가 겹치는 듯 보이지만 조금 다릅니다. 판단은 결정과 관련된 반면, 분별은 어떤 것들의 차이를 인지하거나 옳고 그름을 구별하는 것을 뜻합니다.

교육은 훌륭한 사람을 만들기 위한 것이고, 훌륭한 사람이란 현명한 사람이라는 뜻이며, 또한 그런 사람은 좋은 판단력을 갖춘 사람이라 할 수 있겠습니다. 좋은 판단력을 갖기 위해서는 당연히 논리적인 사고력이 필요하지만 무엇보다도 더 필요한 것은 판단력과 분별력이 창의력 등 다른 그 어떤 능력보다 더 중요하다는 인식을 갖는 것입니다.

영재들은 대체적으로 논리적이며, 과학적 사실을 중시하는 경향이 있습니다. 하지만 영재 중에도 기초적인 판단력이 부족한 아이들이 있습니다. 심지어 엄청난 실력을 가진 수학자·과학자 중에도 그런 이들이 있지요. 영재들이 성인이 되어 일 처리 능력이나 친화력까지 갖추는 것은 쉽지 않고 그런 것까지 바라는 것은 무리일 수 있습니다. 하지만 본인의 행복을 위해, 그리고 더 나은 학자가 되기 위해서는 기본적인 판단력과 분별력을 갖춰야 합니다. 저는 그동안 그런 소양을 가지고 있지 못해서 주변 사람들을 힘들게 하고 스스로도 불행해지는 수학자·과학자들을 자주 봐 왔습니다.

판단력과 분별력을 위해 가장 먼저 할 일은 오류에 빠지지 않는 것입니다. 우리가 일상에서 쉽게 빠질 수 있는 오류에는 다음 여섯 가지 유형이 있습니다.

① 성급한 일반화의 오류
② 이분법적 논리(흑백논리)에 의한 오류
③ 필요조건, 충분조건의 혼동에 의한 오류
④ 잘못된 가정에 의한 오류
⑤ 확증편향에 의한 오류
⑥ 과학적 소양 부족에 의한 오류

이 여섯 가지를 기억해 두었다가 판단과 분별이 필요한 순간에 떠올려 보면 좋겠습니다. 좋은 판단력은 좋은 정보력으로부터 나옵니다. 따라서 필요한 정보와 사실에 입각한 옳은 정보를 취득하는 태도가 매우 중요합니다. '좋은 정보'가 부족한 경우는, 정보나 지식 자체가 부족할 때보다는 '믿고 싶은 정보만 믿는 심리' 때문에 왜곡된 정보만 취할 때 더 문제가 됩니다. 자신의 생각이나 믿음을 점점 더 확신하는 것, 그로 인해 보고 싶은 것만 보고 듣고 싶은 것만을 듣는 심리가 바로 '확증편향'입니다. 영재들의 경우 대개 논리적인 편이라 이런 흔한 오류에 빠질 확률이 상대적으로 더 적긴 하지만 그래도 아직 어린 아이들인 만큼 곁에서 잘 지도해 주는 것이 중요하겠습니다.

✏️ 올바른 아이로 키우기

아이가 어떤 재능을 가졌는지에 관계없이 부모라면 누구나 아이가 인성과 지성을 갖춘 괜찮은 사람으로 자라 주길 바랄 것입니다. 그럼에도 불구하고 당장의 욕심이 앞서 공부만 잘하는 아이로 키우고 있는 부모도 많지요. 하지만 진정한 인재는 올바른 인품을 갖춰야 합니다. 이 부분에 있어서만큼은 영재성의 유무를 떠나 모든 아이에게 적용되어야 합니다.

초등학생 시절 바른생활 교과서에서 난 사람, 든 사람, 된 사람에 대한 이야기를 본 적이 있습니다. 김중근 기자의 《난 사람, 든 사람보다 된 사람》이라는 책도 있지요. 두 책 모두 재주가 많고 능력이 뛰어나며 학식이 풍부한 사람보다는 자신의 발전과 성공을 넘어 공익의 가치를 지향하는 '된 사람'이 되어야 한다고 말합니다. 여기서 된 사람이란 언행이 반듯하고, 타인을 존중하며, 선하고 긍정적인 가치관을 가진 인품이 훌륭한 사람입니다.

지금까지 타고난 재능을 가진 아이를 난 사람과 든 사람으로 키우기에 대한 이야기를 주로 했지만 그럼에도 불구하고 무엇보다 중요한 건 그런 아이를 된 사람으로 키우는 일입니다. 그런 의미에서 앞에서 이야기한 '겸손'을 다시 한번 떠올리면 좋겠습니다. 겸손한 마음가짐은 모든 사람에게 필요하고 이 미덕은 어릴 때부터 길러 줘야 합니다. 요즘 우리나라에서는 자식을 한두 명 낳아 왕자님, 공주님처럼 키웁니다. 자식을 키우는 게 아니라 하늘에서 내려온 천사를 키우는 것 같습니다. 하지만 그저 깊은 사랑으로 예쁘게 키우기만 한다고 자식이 어느 날 갑자기 훌륭한 성품을 가진 사람이 되는 건 아닙니다.

올바른 인품을 갖춘 아이로 성장시키기 위해서는 앞에서도 이야기했지만 어느 정도의 훈육이 필요합니다. 저도 아이를 키워 보았지만 아이들은 두 돌이 지나면서부터 부모 말을 듣지 않기 시작하고 판단력이 성장한 5~6세쯤에는 청개구리가 돼 부모의 속을 긁습니다. 언젠가는 사춘기도 거쳐야 합니다. 아이들의 이런 성장 과정은 인류가 수만 년 동안 진화해 오면서 더 나은 사람, 더 경쟁력 강한 사람으로 자라는 데 필요한 심리 연습과 두뇌 연습의 과정입니다. 부모로부터 독립하기 전에 올바른 인간으로 다듬어지는 것이지요. 이때 필요한 것이 부모의 가르침입니다.

어른도 실수를 하고 잘못된 행동을 합니다. 그런데 아이는 오죽할까요? 이제 막 세상을 경험하고 알아가고 배우는 과정에 있는 아이들인 만큼 잘못된 행동에 일일이 감정적으로 대하지 않는 것이 중요합니다.

아이의 행동, 말, 감정의 흐름 등은 모두 습관이나 본성에 의해 자동적으로 발현되는 경우가 많습니다. 자신의 행동이 잘못됐다는 걸 알면서도 스스로 제어가 잘 안 된다거나 자기도 모르게 짜증이 나거나 나쁜 행동을 하고 싶거나 하는 경우가 대부분이죠. 그럴 때 부모는 아이가 행동을 자제할 수 있도록 지도해 줘야 합니다.

이렇게 아이의 잘못된 행동을 교정할 때 간혹 아이에게 엄청나게 많은 말을 하는 부모들이 있습니다. 그럴 때 아이들은 그 위기에서 빨리 벗어나려는 심리가 있어 부모의 긴 말이 귀에 들어오지 않습니다. 잘못된 행동에 대해서는 가능한 한 짧고 강한 질책으로 바로잡아 주어야 합니다. 당장에는 말을 해도 잘 듣지 않는 것처럼 보이지만 일관성을 갖고 훈육하면 아이들은 그것을 계속 마음속에 담아 두었다가 결국에는 행동을 조금씩 개선합니다.

앞에서 훈육은 ① 원칙 정하기(선 긋기) ② 칭찬하기 ③ 야단치기로 이루어진다고 이야기한 바 있습니다. 저희 집 아이들의 경우 남들에게 피해를 주는 행동이나 남들 앞에서 창피한 행동을 하지 않는 것이 가장 중요한 원칙이었고, 그 선을 넘었을 때에만 야단을 쳤습니다. 이것이 아이들에게 남들에 대한 배려심, 사회성 등을 키워 주는 데 도움이 되리라 판단했습니다. 야단칠 때 주의해야 할 사항을 다시 한번 정리하면 다음과 같습니다.

① 협상하지 않는다(잘못된 행동은 협상의 대상이 될 수 없습니다).
② 일관성을 유지한다(야단치는 방법과 시간 등).
③ 야단칠 때는 화를 내서는 안 된다.
④ 야단치기 전에 행동의 동기를 먼저 살핀다.
⑤ 막말은 절대로 하지 않는다.
⑥ 5~6세 이후 훈육에는 야단치기보다 칭찬하기를 활용한다.
⑦ 야단치기는 가급적 짧게 한다.

원칙적으로 체벌은 하지 않는 것이 좋습니다. 부모 스스로 조심한다고 해도 과할 수 있고 아이에게 정신적인 충격을 줌으로써 정서 안정을 해칠 염려가 있기 때문이지요. 특히 영재아의 경우 예민하고 자아가 강해 역효과가 크므로 삼가야 합니다. 여자아이의 경우에는 더욱 그렇습니다. 하지만 이 또한 단순히 이분법적 논리를 적용할 필요는 없습니다. 과잉 행동이 제어가 되지 않는 남자아이의 경우 앞에 언급한 야단치기의 원칙을 잘 지킨다는 가정과, 짧고 가벼운, 그리고 일정한 방법의 체벌이라는 가정 하에서는 효과적인 훈육법이 될 수도 있습니다.

제가 아이들에게 적용한 체벌의 원칙은 다음 세 가지였습니다. 첫째, 체벌은 아빠만 한다. 대신 엄마는 아이에게 잘못된 행동을 반복하면 아빠에게 혼난다는 경고를 이용했습니다. 둘째, 늘 똑같은 방법으로 짧은 시간 동안만 한다(두어 번 경고 후 화장실에 데리고 들어가 손바닥으로 엉덩이를 두 대 때린다). 단, 체벌의 주기는 가급적 한 달에 한 번을 넘지 않게 했습니다. 체벌 직후에는 세수를 시키고 감정 안정을 도와주었고요. 셋째, 만 5세까지만 체벌한다. 대신 평소에는 칭찬하기, 놀아 주기, 격려하기를 중시했습니다.

야단치기의 충격 요법을 받고 나면 카타르시스와 같은 '감정 씻기' 효과가 있어 오히려 아이가 한동안 기분 좋아 합니다. 만일 야단을 맞고 우울해한다면 이는 야단치는 방법에 뭔가 문제가 있다는 뜻일 것입니다.

이 글을 읽고 "교수님, 실망입니다. 기본적인 아동교육학과 아동심리학도 모르나요? 체벌은 안 돼요."라고 하실 분도 계실 것 같습니다. 체벌이 옳다는 것이 아니라 독이긴 해도 잘 절제된 처방으로 쓰면 명약이 될 수 있다는 이야기를 하려는 것입니다.

미국의 파멜라 리Pamela Li가 운영하는 '뇌를 위한 육아'라는 웹사이트(www.parentingforbrain.com)에는 육아에 도움이 되는 좋은 글들이 많이 올라와 있습니다. 이 사이트에서도 아이들의 벌주기(punishment)의 문제점에 대해서 이야기할 때 아이들이 가질 수 있는 '공포'에 초점을 맞춥니다. 공포는 궁극적으로 아이들의 정서 발달에 매우 해롭다는 의견이고 저도 이에 전적으로 동의합니다. 저는 부모가 체벌 대신 말로 야단을 친다며 아이에게 10분 이상 무섭게 겁을 주는 것은 아이에게 (오히려 잘 절제된 체벌보다) 해로운 행위라고 생각합니다. 이는 아이의 뇌를 망가뜨립니다. 그보다 더 안 좋은 경우는 아이가 어릴 때는 훈육에 전혀 신경을 쓰지 않다가 10세가 넘어 뒤늦게 훈육을 한다면서 아이에게 막말을 하는 경우입니다. 주변에 흔하지요.

미국과 우리나라는 훈육에 관해 서로 정반대의 문제점을 갖고 있습니다. 미국 사회는 전통적으로 훈육에 있어 매우 엄한 편입니다. 특히 독일에서 온 이민자들이 많은 미국 중서부 지역은 더 그렇습니다. 미국에서는 오랫동안 자녀에 대한 과다한 벌주기가 문제가 되어 왔습니다. 하지만 최근 대한민국에는 자녀의 학업 성취에는 관심이 많지만 훈육에는 별 관심이 없는 부모들이 많습니다. 난 사람이나 든 사람보다 '된 사람'이 되는 게 중요하단 걸 알면서도 실천에 옮기는 것이 쉽지 않은 듯합니다.

좋은 부모란 결국 아이들의 심리를 잘 이해하는 부모일 것입니다. 아이의 심리를 잘 이해하기 위해서는 아이들의 눈높이에서 봐야 합니다. 아이들은 아무것도 모르는 것처럼 보이지만 문화적 감수성과 기억력이 엄청나게 좋습니다. 아이들 중에는 말 안 듣는 아이, 게임만 하고 싶어 하는 아이, 사회성이 부족한 아이, 동생을 괴롭히는 아이 등이 있을 수 있습니다. 그런 아이들을 잘 키우려면 아이들의 심리를 잘 이해하고 그에 맞는 조치를 취해 주어야 합니다.

저는 한 TV 프로그램에서 강아지의 문제 행동을 교정해 주는 이웅종 훈련사를 보고 많은 것을 배웠습니다. 그는 강아지의 심리를 이해하는 능력이 탁월하고, 나아가 이를 바탕으로 기발한 아이디어를 내 강아지의 잘못된 행동을 교정해 주었습니다. 저는 3세 이하의 아이들을 키우는 것이 적어도 심리를 파악하고 교정해 준다는 점에서는 강아지 키우는 것과 그리 다르지 않다고 생각합니다. 많은 부모들이 최소한 아이들의 심리를 이해할 필요가 있다는 인식이라도 가질 수 있으면 좋겠습니다. 아이들의 인내심과 끈기는 거저 생기지 않습니다. 이를 위해서는 부모의 인내심과 끈기도 필요합니다.

'한 아이를 키우는 데 온 마을이 필요하다.'라는 아프리카의 속담이 있다지요. 소중한 아이를 사회의 어엿한 인재로 키워 내는 일은 결코 쉽지 않지만 꼭 해내야 하는 일이기도 합니다. 오늘도 현장에서 고단

하지만 기꺼운 마음으로 아이를 키우고 돌보시는 모든 부모님들과 선생님들의 건투를 빕니다.

이 책에 수학 영재들에 대한 예가 주로 나오고 곳곳에서 수학올림피아드 관련 이야기가 나오다 보니 독자 중에는 "수학 영재만 영재란 말인가?" 하고 생각하실 분들도 계실 것 같습니다. 하지만 제가 앞에서 언급했듯 수학 영재는 대표적인 예일 뿐이고 얼마든지 일반화가 가능하리라고 믿습니다. 이 책은 좋은 지능을 바탕으로 '학업 성취'를 목표로 하는 영재들을 대상으로 하고 있습니다.

사람들의 인생관이 모두 같을 수 없듯 '성공한 삶'의 정의도 하나로 정할 수 없을 것입니다. 다만 이 책에서 추구하는 영재들의 성공한 삶이란 좋은 학업 성취를 이룬 후에 한 분야의 뛰어난 지식인 또는 실력자가 되는 것이고, 이에 추가해 행복한 삶을 사는 것으로 가정하고 있습니다. 그렇게 성장하기 위해 필요한 가장 핵심 요소가 '겸손한 마음을 갖는 것'이라는 게 제가 오랫동안 영재교육을 하면서 느낀 바입니다.

얼마 전 서울대학교 의과대학을 졸업하고 대학병원에서 근무하는 후배 교수와 대화하던 중에 제가 요즘 영재교육에 대한 책을 집필 중이라고 하니 그 교수가 "저도 예전에 공부를 잘하는 편이었기 때문에 서울대 의대를 들어갔겠지만 제가 학교 다닐 때 저 자신이 영재라고 생각한 적은 없는데요. 요즘에는 영재라고 할 만한 아이들이 많은가 보지요?"라고 물었습니다. 그러고 보니 저도 고등학교 때 성적이 좋았고 서울대학교 입학시험에서도 상위 1퍼센트 이내의 성적으로 합격했지만 중고등학교 때 스스로 영재라고 생각해 본 적은 없었습니다. 물론 당시는 영재라는 단어도 쓰지 않던 시절이지요. 하여간 저 자신이 뭔가 특별한 재능이 있다고 생각한 적이 없습니다. 그저 중학교에 입학한 이후에 학업 성적이 좋은 편이라고만 생각했지요. 저는 초등학교 때는 5~6학년 때 2년 동안 축구 선수를 했고 6년 내내 공부라고는 제대로 해 본 적이 없었습니다. 다만 책 읽는 것을 좋아해 다니던 초등학교의 조그만 도서관에 있는 책을 거의 다 읽었던 기억이 납니다.

요즘은 제가 자라던 시절과는 많이 다릅니다. 어릴 때부터 조기 교육이 이루어지고 있는 데다가 자녀의 영재성 발굴이 부모들의 초미의 관심을 끌고 있습니다. 게다가 사교육과 중고등학생들을 대상으로 하는 영재교육 프로그램이 아주 풍부합니다. 그러니 머리 좋은 학생들의 학업 능력도 예전과는 상대가 되지 않을 정도로 좋아졌습니다. 예전에 서울대학교 본고사 수학문제는 아주 어려웠지만 요즘 수학올림피아드 학생들에게 같은 문제를 주면 너무나 쉽게 풀어냅니다.

학생들의 그러한 진화는 단지 조기 교육이나 사교육 또는 영재교육 시스템 때문만으로 일어나는 것이 아닙니다. 전 세계 학생들이 모두 환경의 변화에 따라 아주 빠른 속도로 진화하고 있습니다. 기본적인 역량이 예전 학생들보다 더 우수합니다. 단지 학업에서만 그런 것이 아니고 음악, 운동 등에서도 탁월한 능력을 보이는 아이들이 아주 많아졌습니다.

제가 처음 수학올림피아드에 참여하게 된 것은 미국 유학을 마치고 돌아온 1990년 대 초 대학교 은사님의 명령(?) 때문이었습니다. 참여 초기에는 계절학교 강의를 몇 번 했었고 1995년도에 처음으로 캐나다에서 열리는 국제수학올림피아드에 한국 대표팀 부단장으로 참석하게 됐습니다. 부단장의 역할은 인솔 책임자로서 학생들을 대회장까지 인솔하고, 학생들이 시험을 잘 볼 수 있도록 돌봐 주며, 시험이 끝난 후에는 단장님과 함께 학생들의 답안을 채점하고 주최 측과 협의(coordination)하는 것입니다. 단장님은 출제에 참여하기 때문에 개회식과 시험이 끝나고서야 학생들과 만날 수 있습니다. 저는 처음 참가한 그 대회에서 학생들과 금방 친해져서 대회 기간에 매일 축구, 농구 등 운동을 하며 즐거운 시간을 보냈습니다. 긴장을 잘 풀어서인지 한국팀은 그 대회에서 종합 7등의 성적을 거두었는데 당시로서는 대회 참가 사상 처음으로 10위 안의 성적을 거둔 것이었습니다.

그 후 1996, 1997, 1998년 3년간은 국제수학올림피아드에 참가하지 않다가 1999년 1월부터 대한수학회의 한국수학올림피아드 담당이사를 맡게 됐고 그 이후 이 책을 쓰고 있는 2023년까지 매년 단장 또는 부단장으로서 대회에 참석해 왔습니다. 잠시 주춤하던 대회 성적은 1999년 7위, 2000년 4위로 재상승했고, 이후 10년간은 그 수준을 유지하다가 2011년부터 지금까지 12년간은 중국, 러시아, 미국과 어깨를 나란히 하는 최강국의 자리를 차지하고 있습니다. 저는 그동안 한국수학올림피아드 담당이사 6년, 한국수학올림피아드 출제위원장을 4년, 한국수학올림피아드위원회 위원장을 10년 맡아 일했습니다. 2014년부터는 국제수학올림피아드 이사회의 선출직 위원(총 3명)으로도 일하고 있습니다. 110개국 단장들 중 교황식 선거방식으로 선출한다는 점에서 저에게는 더없이 영광스러운 자리입니다.

제가 처음 한국수학올림피아드 담당이사를 맡았을 때는 저 혼자서 모든 일을 담당해야 했습니다. (지금은 한국수학올림피아드 위원장과 2~3명의 이사가 일을 분담하여 하고 있습니다.) 게다가 처음 맡은 그다음 해 여름에 국제수학올림피아드가 우리나라에서 개최되었습니다. 당시 국제수학올림피아드 조직위원회 사무총장이던 서울대 김명환 교수님(현 상산고 교장선생님)과 저는 개최 준비로 할 일이 너무나 많았습니다. 담당이사 임기 2년을 겨우 마쳤는데 대한수학회 회장님께서 또 2년의 봉사를 요청하셔서 제가 후배인 이승훈 교수에게 부탁해 둘이서 이사직을 맡고 나니 일이 좀 수월해졌습니다. 그 이후에도 둘이서 같이 일하는 경우가 많았는데 이승훈 교수의 크나큰 노고에 대해 깊은 감사를 드립니다.

지난 2년간 세 권의 책을 숨 가쁘게 써 왔습니다. 모두 저의 오랜 경험을 통해 얻은 지식과 생각을 담은 책들입니다. 그중에서도 대표작이 될 수 있는 이 책의 집필을 마쳤으니 저도 한동안 휴식을 좀 취해야 할 것 같습니다. 지난 세월 수학 연구, 수학올림피아드, 학회 발표, 강의, 저술 등으로 너무나 바쁘게 지내 왔기에 이제는 얼마간이라도 좋아하는 여행도 다니고 한적한 곳에서 조용한 시간도 가지려 합니다. 감사합니다.